대자연과 컬러풀한 거리
아이슬란드

대자연과 컬러풀한 거리

아이슬란드

다이마루 도모코 지음 | **김나랑** 옮김

비타북스

Prologue

아이슬란드가 어디에 있는지 물었을 때 바로 대답할 수 있는 사람은 얼마나 될까? 최근 TV나 잡지에서 소개되어 많이 알려지기는 했지만 아이슬란드는 여전히 베일에 싸인 신비의 나라다.

아이슬란드에는 여행자들을 매혹하는 무언가가 있다. 그것은 사람의 손길이 닿지 않은 아름다운 자연이기도 하고, 레이캬비크의 사랑스러운 거리이기도 하고, 겨울밤 하늘을 수놓는 오로라이기도 하고, 시규어 로스나 비요크 등의 아티스트들의 환상적인 음악이기도 하다.

그리고 무엇보다 가장 큰 매력은 마음의 여유를 찾을 수 있는 최적의 장소라는 사실이다. 백야에 밤늦게까지 들려오는 아이들의 웃음소리, 한가롭게 풀을 뜯는 보드라운 양, 창 너머 소리 없이 소복소복 눈이 쌓이는 고요한 시간, 빨려 들어갈 듯이 청아한 하늘….

아이슬란드에는 볼거리가 무궁무진하다. 절경이라고밖에 표현할 수 없는 자연경관에 숨이 막힐 지경이다.

이 책에서는 퍽퍽한 일상에 지친 여러분의 마음에 쉼표가 될 만한 장소들을 엄선하여 소개한다. 앞으로 아이슬란드를 방문할 계획이 있는 독자에게는 여행의 동반자가, 도저히 여행 갈 짬이 나지 않는 독자에게는 포근한 휴식처가 되기를 바란다.

CONTENTS

1 아이슬란드 여행의 시작, 레이캬비크를 만끽하자!

2 아이슬란드 여행의 백미, 아름다운 자연으로 떠나자!

5 알고 나면 새로운
아이슬란드와 여행 정보

레이캬비크
(Reykjavík)는
'레'에 악센트를 넣어
발음하면
아이슬란드어처럼
들려요.

'바다의 광대'라고 불리는 퍼핀.
아이슬란드어로 룬디(Lundi)라고 한다. 아이슬란드는 퍼핀의 세계 최대 번식지이며
4월 하순부터 8월 하순까지 웨스트만 제도 등에서 볼 수 있다.

※ 이 책에 게재된 정보는 2015년 8월 기준입니다. 점포의 이전, 폐점, 가격 변경 등으로 실제와 달라질 수 있습니다.
※ 아이슬란드는 일조 시간이 자주 바뀌므로 점포의 영업시간, 휴무일은 하절기와 동절기에 따라 변경될 수 있습니다.
　 또한, 요일에 따라서도 영업시간이 다른 경우가 있으므로 주의해주세요.
※ 별도로 기재되어 있지 않은 경우 하절기는 6~8월, 동절기는 9~5월입니다.
※ 이 책에 실린 전화번호는 모두 아이슬란드 국가번호 354를 포함한 번호입니다. 현지에서는 354를 빼고 걸어주세요.

아이슬란드의 역사

바이킹의 이주

《란드나우마보크(식민의 서)》에 따르면 874년 아이슬란드에 최초로 이주한 사람은 바이킹 잉골푸르 아르나르손(Ingólfur Arnarson)과 그의 아내 할베이그라고 전해진다(그 이전부터 켈트족 수도승이 살았다는 설도 있다). 그들은 집안의 분쟁에 휘말려 노르웨이를 탈출한 후 레이캬비크에 정착했다. 노르웨이와 켈트족(스코틀랜드와 아일랜드) 바이킹의 이주는 10세기 중반까지 이어져 930년에는 세계에서 가장 오래된 민주 의회인 알싱기가 싱벨리르(104p)에 설립되었다.

노르웨이와 덴마크의 통치 시대

300년 이상 독립을 유지하다가 11세기 이후 노르웨이에 이어 덴마크의 지배에 놓인다. 기독교가 전파되면서 '기록'이 보편화됨에 따라 12~13세기에는 '사가'와 '에다'라는 문학이 꽃을 피운다. 사가란 전쟁이나 재판을 비롯한 당시 아이슬란드의 생활상을 보여주는 산문 작품이며 왕의 사가, 전설의 사가 등 크게 네 종류로 분류된다. 에다는 시인 스노리 스툴루손이 기록한 시의 교본과 고(古) 에다(북유럽 신화* 및 영웅 전설)라고 불리는 운문집을 일컫는다. 사가와 에다는 아이슬란드의 역사와 문화를 이해하는 데 중요한 역할을 한다.

끊임없는 대분화와 공화국의 성립

1783년 남부의 라키 화산 등지로 이루어진 화산대가 분화하여 가축 대부분과 인구 20%가 죽고(142p), 1875년 아스캬 화산의 폭발로 대기근이 발생하여 많은 사람들이 캐나다와 미국으로 이주했다고 전해진다. 자연재해로 인한 고통을 바이킹 특유의 강인한 정신으로 극복하고 1944년 덴마크로부터 완전히 독립하여 아이슬란드 공화국이 성립되었다. 독립운동을 지휘한 욘 시구르드손의 생일(6월 17일)이 독립기념일로 제정되어 매년 전국 각지에서 축하 행사가 개최된다.

금융 파산에서 관광 대국으로

20세기 후반에는 어업을 중심으로 눈에 띄는 경제 성장을 이룬다. 1958~1976년에 걸쳐 영국과 어업권을 둘러싼 대구 전쟁(cod war)이 발발하지만 결과적으로 아이슬란드가 한 명의 사망자도 내지 않고 승리한다. 1980년에는 세계 최초 여성 대통령이 탄생했다(220p). 1994년 EEA(유럽경제지역) 참가 이후 경제가 다양화되어 금융 국가로 변화하는 과정에서 2008년 리먼 쇼크로 촉발된 금융 위기에 큰 타격을 입어 당시 총리인 게이르 하르데가 국가 파산을 선포하는 비상사태에 이른다. 2010년에는 국민들이 항의 시위로 요구한 투표를 통해 해외 투자자가 보유한 채권의 지급을 부결했다. 나아가 아이슬란드 크로나의 가치 하락으로 수출 산업에 숨통이 트이고 해외 관광객 수도 급증했다. 2014년에는 100만 명 가까운 관광객이 아이슬란드를 방문했으며 현재 관광 붐이 일면서 다시 활기를 띠고 있다.

---

* 북유럽 신화 : 핀란드를 제외한 북유럽 국가에서 기독교의 영향을 받기 이전에 존재했던 신화, 신앙, 종교의 총칭. 이 책에 등장하는 트롤은 산과 동굴 속에 사는 괴력의 거인이며 엘프는 숲과 바위, 샘물에 사는 눈에 보이지 않는 요정이다.

아이슬란드 기본 정보

정식 국명	아이슬란드 공화국(Republic of Iceland)
면적	103,000km²
수도	레이캬비크
인구	약 330,610명(2015년 7월)
정치 체제	공화제
산업	관광업, 수산업, 수산가공업, 수력발전, 지열발전, 알루미늄정련 등
종교	복음루터교(75%)
언어	아이슬란드어(전국 어디에서나 영어가 잘 통한다)
통화	아이슬란드 크로나(ISK), 1ISK = 약 9.16원
시차	9시간(서머타임 없음), 우리나라가 낮 12시일 때 아이슬란드는 오전 3시

아이슬란드 MAP

◎ 아이슬란드를 빙 둘러싼 1번 국도는 반지 모양처럼 생겨 '링로드(Hringvegur)'라고도 불린다.

11

레이캬비크 MAP

① ②

A

Grótta ●
그로타[38p]

Norðurströnd

Seltjarnarnes
셀타르나르네스

Suðurströnd

크로난 Krónan
네토 Nettó

보누스 Bónus

발디스[87p] **Valdís**

비디르 Víðir
Ananaust

Eiðsgrandi

10-11
티우 엘레프

Vesturbær
베스투르바이르(서부) 지구

Túr

Vesturbæjarlaug
베스투르바이아르뢰이그

Landakotskirkja
란다코트 대성당

49

B

Hofsvallagata

Neshagi

Ægisíða

Háskóli Íslands ●
국립 아이슬란드대학

Suð

Norræna Hús
노라이나 후시
(노르딕 하우스)[27

C

Nja+

❸

❹

Viðey
비데이 섬[35p]

Skarfabakki
스카르파바키 부두

하절기 한정

• 콜라포르티드(벼룩시장)
⏱ 주말 11:00~17:00

Old Harbour
드 하버

Laugardalur
뢰이가르달루르 지구

Harpa
하르파   Alþingi 알싱기 (국회의사당)

Kolaportið
콜라포르티드

Hótel Borg
호텔 보르그

Lækjartorg
라이캬르토르그 광장

사이브뢰이트

Sundlaugavegur

Þjóðleikhúsið
쇼들레이크후시드

Sólfar
솔파르

Borgartún

Laugardalslaug
뢰이가르달스뢰이그[183p]

유스호스텔

캠핑장

Dalbraut

Forsætisráðuneytið
포르사이티스라우두네이티드 (총리 관저)

축구 경기장

축구 경기장

rin
닌 호수

Hlemmur
흘렘무르 버스 터미널

ríkirkjan
프리키르캬

Sundhöllinn
순드홀린[183p]

축구 경기장

41

Suðurlandsbraut

Grasagarður Reykjavíkur
그라사가르두르 레이캬비쿠르[34p]

Hallgrímskirkja
할그림스키르캬 교회[22p]

Nóatún

Eldsmiðjan
엘드스미단

40

Flókagata

Umferðarmiðstöðin BSÍ
BSÍ 버스 터미널

Kjarvalsstaðir
카르발스타디르[31p]

Klambratún
클람브라툰 공원

Langahlíð

Kringlumýrarbraut

Downtown
다운타운(중심) 지구

Miklabraut

49

✈ Reykjavíkurflugvöllur
레이캬비크 공항
국내선 & 그린란드행

Bústaðavegur

Kringlan 크링란

Bónus 보누스

Hagkaup 하그쾨입

Perlan •
페를란[28p]

Mýrin 미린[45p]

Austurbær
외이스투르바이르(동부) 지구

Grensásvegur

Árbæjarsafn
아우르바이르 야외 민속박물관

• Háskólinn í Reykjavík
사립 레이캬비크대학

40

• Nauthólsvík
뇌이트홀스비크[184p]

N

0   1km

중심 지구 MAP

❶

Hamborgara Búllan
함보르가라 불란[83p]

• **Sægreifinn**
사이그레이핀

Ægisgata 아이기스가타

Vesturgata

Geirsgata

Ⓐ

Reykjavík Downtown Hostel
레이캬비크 다운타운 호스텔[97p]

Garðastræti

Nonnabiti
논나비티[199p]

Hafnarhús
하프나르후스[29p]

Tryggvagata

후라 Húrra
팔로마 **Paloma**
ⓘ **Hafnarstræti**

돌리 Dolly
The Laundromat Cafe
런드로매트 카페

잉골프스토르그 광장 **Ingólfstorg**

만디 **Mandi**
Micro Bar
미크로 바[70p]

Austurstræti 외이스투르스트라이티

Vínbúðin
빈부딘[72p]

Austurvöllur
외이스투르블루르 광장

10-11
티오 엘레푸

Eymundsson
에이문드손[53p]

Kirkjustræti

Alþingi
알싱기

Vonarstræti 보나르스트라이티

Hraðlestin
흐라들레스틴[211p]

Bergsson Mathús
베르그손 마트후스[63p]

Suðurgata 수두르가타

City Hall
시청사

Tjarnargata

Grillmarkaðurinn
그릴마르카두린[62p]

트요르닌 호수[24p]
Tjörnin

Frikirkjuvegur 프리키르큐베구르

Skothúsvegur 스코트후스베구르

Soleyjargata 솔레이야르가타

Hljómskálagarður
홀롬스카울라가르두르

Ⓒ

(49)

❷

Kolaportið 콜라포르티드(벼룩시장)

Bæjarins Beztu Pylsur
바이야린스 베스투 필수르[85p]

Pizza Royal
피자 로열[199p]

Te og Kaffi 테 오 카피

Lækjartorg 라이캬르토르그 광장

Hamborgara Búllan
함보르가라 불란

66°NORTH
식스티식스 디그리 노스[52p]

Harpa
하르파[26p]

Aurum
아우룸[42p]

Loft Hostel
로프트 호스텔[97p]

Ingólfsstræti

Habibi
하비비[199p]

Bankastræti 반카스트라이티

Gráí Kötturinn
그라우이 쾨투린[81p]

Þjóðleikhúsið
쇼들레이쿠후시드
(국립극장)

Kaffitár
카피타우르[78p]

Prikið
프리키드

The Deli
더 델리[67p]

Fóa
포아[46p]

Mokka Kaffi
모카 카피[77p]

Bergstaðastræti

Ostabúðin
오스타부딘[64p]

Bónus
보누스

에이문드손 Eymundsson

Kaffibarin
카피바린[69]

Skólavörðustígur

Mengi
멩기[69p]

Frú Lauga
프루 뢰이가
[89p]

C Is For Cookie
시 이즈 포 쿠키[80p]

Snaps
스냅스[60p]

Óðinsgata

Geysir
게이시르[43p]

Þórsgata

12 Tónar
톨프 토나르[54p]

Orri Finn Design
오르리 핀 디자인[211p]

Handprjónasamband Íslands
한드프료나삼반드 아이슬란드[48p]

Laufásvegur

Eldsmiðjan
엘드스미댠[84p]

Guesthouse Sunna
게스트하우스 순나[96p]

Freyjugata 프레이유가타

Café
카페

Höggmyndagarðurinn
효그민다가르두린
(에이나르 욘손 조각공원)[30p]

3

4

Skúlagata 스쿨라가타

Sæbraut 사이브뢰이트

• Sólfar
솔파르

━ **Rauði Krossinn**
뢰이디 크로신[49p]

Lindargata

━ **Tíu Dropar**
티우 드로파르[71p]

Hrím
흐림[44p]

━ **Te og Kaffi**
테 오 카피[79p]

erfisgata 크베르피스가타

━ **Bíó Paradís**
비오 파라디스[33p]

(41)

• **Hringa**
흐링가[210p]

Kex Hostel
켁스 호스텔[95p] •

Nostalgía
노스탈기아

신그홀츠가타

Hraðlestin
흐라들레스틴①[67p]

Laugavegur

뢰이가베구르

10-11
• 티우 엘레푸
━ **Bónus** 보누스

Frakkastígur

KronKron
크론크론[214p] •

Sandholt
산드홀트[82p]

• **Kiosk**
키오스크[50p]

Herrafataverzlun Kormáks & Skjaldar
헤라파타베르스룬 코르마우크 & 스칼다르[51p]

Mengi Apartments
• 멩기 아파트[94p]

Eymundsson
에이문드손

• **Eldsmiðjan**
엘드스미단

• **Police**
경찰서

Hrím Eldhús
흐림 엘드후스[44p]

Vitastígur

Hlemmur
• 흘렘무르 버스 터미널

• **Reykjavik Roasters**
레이캬비크 로스터즈[76p]

Grettisgata

Ban Thai •
반 타이[66p]

━ **Spark Design Space**
스파크 디자인 스페이스[32p]

Njálsgata

Snorrabraut 스노라브뢰이트

• **Lucky Record**
럭키 레코드[55p]

━ **Garðurinn**
가르두린[65p]

Bergþórugata 베르그소루가타

Rauðarárstígur

Hallgrímskirkja
• 할그림스키르캬 교회[22p]

Sundhöllinn
순드횔린[183p]

Barónsstígur

N

0 ━━━━━━ 200m

1 〰

Njóttu Reykjavík

Enjoy Reykjavík

아이슬란드 여행의 시작, 레이캬비크를 만끽하자!

레이캬비크
Reykjavík

● ● ● 컬러풀한 세계 최북단의 수도

아이슬란드의 수도 레이캬비크는 남서부 레이캬네스 반도의 뿌리에 해당하는 북위 64도 8분에 위치한 세계 최북단의 수도다. 남쪽에서 멕시코 난류가 흘러들어 위도에 비해 겨울에도 기온이 높은 편이다. 국민의 약 60%가 살고 있는 이 도시는 아이슬란드의 행정·경제·문화의 중심지다. 도심에는 DIY 정신이 넘치는 국민성 때문인지 컬러풀한 집이 즐비하다. 아이슬란드 여행의 시작지인 레이캬비크의 구석구석을 즐겨보자.

관광 명소가 집중된 도시 중심부와 그 주변의 세 지구를 소개한다. MAP[12~13p]

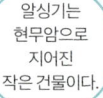

알싱기는
현무암으로
지어진
작은 건물이다.

Downtown 다운타운(중심) 지구

예술과 문화의 발신지

메인 스트리트인 뢰이가베구르 거리(40p)와 한 골목 옆으로 뻗은 거리에는 멋진 디자인 숍, 레스토랑, 갤러리, 호텔이 모여 있다. 여름에 축제가 열리는 라이캬르토르그 광장 바로 앞에 총리 관저가 있고 그곳에서 도보 5분 거리에 국회의사당인 알싱기가 있어 때때로 활발하게 걸어가는 총리의 모습이 눈에 띈다. 도시 한복판에서 이런 광경을 볼 수 있는 곳은 아이슬란드가 유일하지 않을까? 아이슬란드 최대의 벼룩시장인 콜라포르티드는 주말마다 항구 근처의 건물에서 열린다.

해안 길 사이브레이트에는 바이킹 배를 형상화한 조형물 솔파르가 있으며, 그곳에서 정면으로 레이캬비크 시민들이 사랑하는 평평한 에스야 산(914m)이 보인다. 하늘이 오렌지 빛으로 물드는 백야(231p) 시즌에는 에스야 산과 바다가 더욱 돋보인다.

총리 관저 포르사이티스라우두네이티드(Forsætisráðuneytið)의 동상은 초대 총리의 모습.

평상시 차가 지나다니는 뢰이가베구르 거리. 여름과 축제 기간에는 일부 구간이 보행자 천국으로 바뀐다.

레이캬비크
거리 곳곳에서
예술을
만날 수 있다.

1989년부터 이어져 온 벼룩시장 콜라포르티드.

Vesturbær 베스투르바이르(서부) 지구

최근에 떠오르는 항만 지구와 인기 주택가

트요르닌 호수의 서쪽에 위치한 인기 주택가로 국립
아이슬란드대학(207p)과 수영장 베스투르바이야르
뢰이그도 이 지역에 위치한다. 최근에 세련된 카페
와 레스토랑이 들어서기 시작한 항구 마을 그란디에
는 젤라또 가게인 발디스(87p)와 디자인 스튜디오
등이 있다. 서쪽으로 더 가면 그로타(42p)로 유명한
셀탸르나르네스로 이어진다.

서부 지구의 주민들을 위한 식료품점 멜라부딘.

Austurbær 외이스투르바이르(동부) 지구

최대 규모의 쇼핑몰과 휴식을 위한 녹지

스노라브뢰이트의 동쪽 지구로 대중 버스의 발착지
인 흘렘무르 버스 터미널과 캬르발스타디르(31p),
크링란, 페를란(28p) 등이 있다. 크링란은 150개 이
상의 가게가 입점한 아이슬란드 최대의 쇼핑몰이
다. 슈퍼마켓, 푸드 코트, 멀티플렉스 극장이 있으며
도심의 인포메이션 센터와 하르파(하절기 한정)에
서 무료 셔틀버스가 운행된다.

종합 쇼핑몰 크링란(Kringlan).

Laugardalur 뢰이가르달루르 지구

가족 단위 여행객에게 인기 있는 레저 타운

뢰이가르달루르는 '온천 계곡'이라는 뜻이다. 일찍이 이곳 온천
에서 올라오는 수증기(Smoky Bay)가 레이캬비크의 어원이 되
었다고 전해진다. 그라사가르두르(34p)와 아이슬란드 최대의
온천 뢰이가르달스뢰이그(185p) 외에도 축구 경기장, 캠핑장
등이 모여 있는 레크리에이션 지구이다. 이곳의 북쪽에는 비데
이 섬(35p)으로 가는 페리 선착장이 있다.

(위) 유스호스텔에 인접한 캠핑장. 온천에서 도보 약 10분.
(아래) 국제 축구 시합이 열리는 아이슬란드 최대의 경기장.

21

Hallgrímskirkja
할그림스키르캬 교회

MAP[15p, C-3]

교회 앞의 동상은 콜럼버스보다 500년 전에 아메리카 대륙을 발견한 아이슬란드인 바이킹 레이푸르 에
이릭손(Leifur Eiríksson)이다. 그의 아버지인 에이리쿠르 뢰이디 소르발손(Eiríkur rauði Þorvaldsson)은
그린란드를 발견했다. 위업을 이룬 바이킹 부자는 아이슬란드인의 자랑이다.

레이캬비크의 랜드마크 타워

레이캬비크의 도심 어디에서든 볼 수 있는 우주선 형태의 교회다. 20세기 초 아이슬란드를 대표하는 건축가 구드욘 사무엘손(207p)이 분화한 화산에서 흘러나와 굳어버린 마그마를 형상화하여 설계했으며 1945년부터 무려 41년이라는 세월에 걸쳐 완성했다. 미래의 건축물처럼 보이면서도 자연과 조화를 이루는 모습은 자연을 훼손하지 않는 북유럽 건축의 특징을 그대로 보여주고 있다.

중후한 문을 열고 안으로 들어가면 높은 천장의 개방적인 공간이 펼쳐진다. 가장 눈길을 끄는 것은 총 길이 15m, 무게 25t의 거대한 파이프오르간이다. 예배 때뿐만 아니라 콘서트나 뮤지컬 음악을 녹음할 때도 사용된다.

교회 시계탑 전망대에서 보이는 풍경은 압권이다. 티켓을 구입한 후 엘리베이터를 타고 8층까지 올라가서 계단을 오르면, 레이캬비크 시내를 한눈에 내려다볼 수 있는 최고의 포토 스폿이 펼쳐진다.

(위쪽) 예수의 탄생을 묘사한 아름다운 스테인드글라스.
(오른쪽) 독일의 오르간 장인 요하네스 크라이스(Johannes Klais)가 만든 걸작.

지상 74m 높이의 전망대에서는 레이캬비크의 아기자기한 마을이 한눈에 들어온다.

소박하면서도 따뜻함과 포용력이 느껴지는 교회 내부.

📍 Hallgrímstorg 1, 101 Reykjavík ☎ (354) 510-1000
http://www.hallgrimskirkja.is
🕐 9:00~21:00(동절기 ~17:00), 일부 공휴일 휴무
🏛 전망대 입장료: 어른 900ISK, 어린이(7~14세) 100ISK

Tjörnin
트요르닌 호수

MAP[14p, B·C-1]

시민과 들새의 휴식처

장난감처럼 알록달록한 집과 시청사로 둘러싸인 아름다운 호수다. 메인 스트리트인 뢰이가베구르 거리, 국립 아이슬란드대학, 국립 박물관, 국회의사당, 총리 관저 등이 걸어 다닐 수 있는 거리에 있어 쇼핑이나 관광 중에 가볍게 산책을 즐길 수 있다. 호수 둘레를 따라 조성된 보행로는 산책과 조깅을 하기에 좋다. 겨울에는 호수 대부분이 얼어붙어 아이들이 축구와 스케이트를 즐긴다. 월동하는 새들을 위해 부분적으로 온천수를 주입하여 동결을 방지하는 곳도 있다.

호수 남쪽의 흘룸스카울라가르두르 공원에는 놀이 기구와 바비큐 시설이 있어서 날씨가 맑은 날에는 가족끼리 피크닉을 즐기는 사람들로 북적인다. 호수에는 40종 이상의 들새가 모여들어 아이와 어른들이 즐겁게 먹이 주는 모습을 볼 수 있다. 물 위에 떠 있는 우아한 백조와 귀여운 새끼 오리들, 다른 새의 먹이를 빼앗으려고 뛰어다니는 거위를 보며 마음껏 웃고 쉴 수 있는 여유로운 공간이다.

오른쪽 끝 푸른 지붕의 근대적인 건물이 시청사이다. 레이캬비크 시장의 집무실도 이 안에 있다.

먹이를 주는 곳은 지열로 따뜻해진 온수가 유입되어 겨울에도 얼지 않는다.

호수 주변의 여러 조형물 중 유머러스한 이 작품이 특히 마음에 든다.

먹이 줄 때의 주의점

최근에 먹이를 구하려고 호수로 날아오는 갈매기가 급증하여 다른 새들의 먹이뿐만 아니라 새끼 오리까지 잡아먹고 있다. 새끼 오리가 갓 태어난 6~7월에는 호수에서 먹이 주는 것이 금지되어 있으니 주의하자.

동화 속 그림 같은 프리키르
교회. 마치 호수를 지키는 듯
이 서 있다.

눈이 계속 쏟아져 아이슬란드에 사람의 발길이 뜸해져도 이곳만은 새와 사람들로 활기가 넘친다.

Harpa
하르파

2013년 EU현대최우수건축상(미스반데어로에상)을 받았다.

© Magdalenawd | Dreamstime.com

©Keina Higashide

©Keina Higashide

하늘과 바다와 어우러진 콘서트홀

2011년 시내 중심부에 세워진 콘서트홀이자 콘퍼런스 센터. 건물을 뒤덮은 무수한 유리창은 할그림스키르캬 교회와 마찬가지로 마그마가 응고된 주상절리에서 영감을 받은 것이다. 근대적인 건물이지만 에이샤 산, 하늘, 바다와 절묘하게 어우러져 건물의 모습이 자연을 훼손시키지 않는다. 유리창 하나하나가 마치 물고기 비늘처럼 보인다.

이 건축물은 세계 최고 수준을 자랑하는 덴마크 건축사무소 헤닝 라슨 아키텍츠와 아이슬란드를 대표하는 건축사무소 바테리드 아키텍츠가 설계했다. 그리고 아이슬란드 출신 아티스트 올라푸르 엘리아손(Olafur Eliasson)이 파사드를 디자인했다.

(위쪽) 이벤트 테마 색에 맞춰 조명이 켜지는 외관.
(아래쪽) 건물 안에는 네 개의 홀과 고급스러운 레스토랑, 카페 등이 있다.

📍 Austurbakki 2, 101 Reykjavík
☎ (354) 528-5000 http://harpa.is
🕐 8:00~24:00, 일부 공휴일 휴무

건물 안에서 항구를 바라
볼 수 있는 휴게 공간.

Norræna Húsið
노라이나 후시드(통칭 노르딕 하우스)

아알토 건축에서 문화 체험을!

군청색 루프 톱과 하얀색 타일 벽이 눈길을 사로잡는 노르딕 하우스다. 북유럽 국가들의 문화 교류의 장으로서 다양한 축제가 열린다.

20세기 북유럽을 대표하는 근대 건축가 알바 아알토의 설계로 1968년에 완성되었다. 북유럽 관련 서적이 가득한 도서관은 천장이 높고 자연광이 쏟아져 들어오는 아늑한 공간이다.

지하 1층 홀을 포함한 다목적실은 레이캬비크 국제영화제와 문화제, 아이슬란드 에어웨이브의 공연장으로도 쓰인다.

내부의 아알토 비스트로(AALTO BISTRO)에서는 신선한 아이슬란드산 재료로 만든 스칸디나비아 요리를 즐길 수 있다. 산책하다가 들러서 핫초콜릿(650ISK) 한잔을 마시며 여유로운 오후를 만끽하자.

©Mats Vibe Lund

(위) 건물 바로 앞 연못은 들새들의 오아시스다.
(아래) 건물 안에 비치된 가구와 조명도 모두 아알토가 디자인한 작품이다.

현지인들은 레스토랑에서 주말마다 브런치를 즐긴다.

📍 Sturlugata 5, 101 Reykjavík
☎ (354) 551-7030
http://www.norraenahusid.is
🕐 도서관 11:00~17:00(주말 12:00~), 일부 공휴일 휴무
　　다목적실 12:00~17:00, 월요일 및 일부 공휴일 휴무

아이슬란드 에어웨이브(196p)에서의 공연 모습.

아이슬란드인이 사랑하는 라크리스 맛 젤라토도 있다!

Perlan
페를란

MAP[13p, C-3]

언덕 위에 우뚝 솟은
수수께끼 같은 원형 시설

아이슬란드에 처음 온 사람들을 깜짝 놀라게 하는 독특한 외관이 특징이다. 레이캬비크 도심에서 조금 떨어진 언덕에 여섯 개의 거대한 탱크가 유리돔을 둘러싸듯이 솟아 있다. 페를란은 아이슬란드어로 '진주'라는 뜻이다. 탱크 안에는 지열로 데워진 온수가 저장되어 레이캬비크의 각 가정과 사무실, 호텔 등에 공급된다.
돔 내부에는 두 시간에 한 바퀴를 도는 회전식 레스토랑, 카페테리아, 기념품점, 젤라토 가게 등이 있다. 4층 전망 데크에서는 레이캬비크를 360도 파노라마로 조망할 수 있으니 멋진 사진을 담아보자.

기능까지 겸비한 레이캬비크의 랜드마크로 높이는 25.7m다.

(왼쪽) 여름에는 색이 다채롭다. 날씨가 맑으면 스나이펠스요쿨 빙하가 보일 때도 있다.
(오른쪽) 음향 설비가 갖춰져 있어 콘서트 회장으로도 쓰인다.

📍 Öskjuhlíð, 105 Reykjavík ☎ (354) 562-0200 http://perlan.is
⊘ 10:00~21:00, 일부 공휴일 휴무
🚌 라이캬르토르그 광장에서 1, 3, 6번 버스로 약 25분

전망 데크에서 바라본 풍경. 겨울에는 흑백의 대비가 뚜렷한 절경이 펼쳐진다.

Hafnarhús
하프나르후스

항구 옆에 서 있는 하얗고 모던한 건물.

컨템퍼러리 아트에 흥미가 있다면

하프나르후스는 영어로 하버 하우스라는 뜻이다. 원래 레이캬비크 항구에서 창고로 사용하던 건물이었으나 2000년도에 개조되었다. 아이슬란드의 예술 세계를 마음껏 감상할 수 있는 3대 미술관 중 하나다.

시내 중심지에 위치하며 국내외 아티스트의 실험적인 작품을 위주로 한 기획전과 아이슬란드를 대표하는 팝아티스트 에로(Erró)의 작품전이 상시 개최된다. 특히 미국 만화책에서 튀어나온 듯한 에로의 작품이 볼만하다. 넓은 관내에는 여섯 개의 갤러리, 패션쇼와 콘서트장으로도 사용되는 정원, 다양한 예술 서적을 넘겨보며 쉴 수 있는 라운지가 있다.

예술 서적을 자유롭게 관람할 수 있는 아늑한 라운지.

(위쪽) 미술관에서 판매하는 기념품은 그림을 좋아하는 사람에게 선물하면 딱! 컬러풀한 에로의 작품.
(아래쪽) 미술관 로고가 새겨진 슈퍼볼

📍 Tryggvagata 17, 101 Reykjavík
☎ (354) 590-1200
http://www.listasafnreykjavikur.is
🕐 10:00~17:00(목요일 ~20:00), 일부 공휴일 휴무
🏛 어른 1,500ISK, 학생 820ISK, 어린이 (18세 미만) 무료

29

Höggmyndagarðurinn
효그민다가르두린(통칭 에이나르 욘손 조각공원)

MAP[14p, C-2]

나무로 둘러싸인 진입로 끝에 보이는 건물이 에이나르 욘손 박물관.

도심 속 비밀의 화원

아이슬란드 최초의 조각가 에이나르 욘손 (Einar Jónsson)의 작품 26점이 전시된 조각공원으로 관광객으로 붐비는 할그림스키르캬 교회 바로 옆에 있지만 잘 알려지지 않은 숨은 명소이다.

에이나르 욘손은 1896년부터 1899년까지 덴마크왕립예술아카데미에서 조각을 배우고 북유럽 신화와 종교에서 모티브를 딴 수많은 작품을 발표했다. 에이나르 욘손과 아내 안나가 직접 심은 나무들이 아름답게 자란 공원에서 그의 작품을 무료로 감상할 수 있다. 24시간 개방되어 있으니 여름에는 돗자리를 깔고 도시락을 먹으며 피크닉 기분을 내거나 가을에는 느긋하게 단풍놀이를 즐기는 것도 추천한다.

(위쪽) 조각공원에서 할그림스키르캬 교회가 한눈에 보인다. 한 바퀴 도는 데 5분 정도 소요된다.
(아래 왼쪽) 'JÓL'이란 아이슬란드어로 크리스마스라는 뜻이다.
(아래 오른쪽) 천둥의 신 토르가 노인과 싸우는 북유럽 신화의 한 장면이다.

📍 Eiríksgata, 101 Reykjavík
☎ (354) 551-3797 http://www.lej.is

Kjarvalsstaðir
캬르발스타디르

공원 안에 조용히 자리한 아름다운 미술관

도심에서 도보로 약 20분 거리의 클람브라툰 공원(Klambratún) 안에 위치한 미술관이다. 아이슬란드에서 가장 유명한 화가인 요하네스 캬르발(Jóhannes Kjarval)의 5천 점이 넘는 작품 중에서 레이캬비크 시가 엄선한 작품들을 상시 전시하고 있다. 그 외에 국내외 화가와 조각가의 기획전도 볼만하다.

요하네스 캬르발은 풍경화로 유명하다. 빨강, 주황, 노랑으로 물든 단풍나무, 검은 용암으로 뒤덮인 푸른 이끼 등 다양한 색채를 사용해 에너지 넘치는 아이슬란드의 자연을 정교하게 표현했다. 강인하면서도 낭만적인 그의 작품을 감상하고 있으면 아이슬란드의 자연으로 여행을 떠나고 싶어진다.

(위쪽) 통유리창의 아늑한 분위기. 미술관 기념품점에는 아이슬란드 예술 관련 상품이 가득하다.
(왼쪽) 단층 건물이라 장애인이나 노약자도 편히 둘러볼 수 있다.

아이슬란드인 건축가 한네스 다비드손이 설계한 동양적인 느낌의 미술관.

아이슬란드인 친구 집에서 자주 볼 수 있는 캬르발 화집.

📍 Flókagata 24, 105 Reykjavík ☎ (354) 517-1290
http://www.artmuseum.is ⏰ 10:00~17:00, 일부 공휴일 휴무
🏛 어른 1,500ISK, 학생 820ISK, 어린이(18세 미만) 무료
◎ 흘렘무르 버스 터미널에서 도보 약 9분

Spark Design Space
스파크 디자인 스페이스

MAP[14p, B-2]

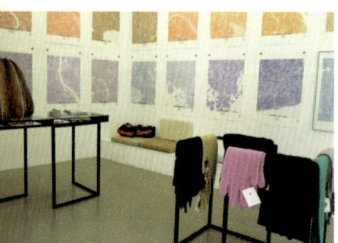

©Valgarður Gíslason

최신 제품 디자인을 만날 수 있는 곳

국립 아이슬란드예술대학(아이슬란드아카데미)에서 제품디자인을 가르친 시그리두르(애칭: 싯거)가 경영하는 레이캬비크 유일의 디자인 갤러리 겸 숍이다. 디자이너와 다른 업종 전문가의 콜라보레이션 프로젝트에 관심을 가지고 3개월마다 기획전을 개최한다. 아이슬란드 크리에이터들의 관심이 주목되면서 매 오프닝 이벤트에 많은 인파가 몰린다.

경영자 싯거는 최전선에서 활약하는 아이슬란드인 디자이너들로부터 두터운 신뢰를 받고 있는 싹싹하고 멋진 여성이다. 주로 갤러리에 있으니 아이슬란드의 예술과 디자인에 관심이 있다면 가볍게 말을 걸어보자. 친절한 설명을 들을 수 있다.

(위쪽) 갤러리 공간과 매장이 적절히 융화된 공간.
(아래쪽) 스키르로 만든 과자 '스키르 콘펙트' 시식
회에서.

갤러리
경영자 싯거

 Klapparstígur 33, 101 Reykjavík ☎ (354) 552-2656
http://www.sparkdesignspace.com
 10:00~18:00(토요일 12:00~16:00), 일요일 및 일부 공휴일 휴무

©Guðlaugur Sigurjónsson

통유리로 실내가 훤히 들여다보이는 밝고 개방적인 분위기.

Bíó Paradís
비오 파라디스

'BÍÓ'란 아이슬란드어로 영화라는 뜻이다. 빨간색 입구가 눈에 띄는 영화관.

고금을 넘나드는 예술영화의 보물창고

아이슬란드인은 영화를 사랑한다. 레이캬비크 시내에
만 일곱 개의 영화관이 있는데 그중 가장 추천하는 곳
은 시내 중심에 위치한 비오 파라디스다. 아이슬란드
영화협회 관계자가 비영리로 공동 운영하며, 주로 양
질의 예술영화와 다큐멘터리, 애니메이션, 사회파 영
화를 상영하여 크리에이터들이 즐겨 찾는다.
영화관 안에는 폭신폭신한 소파와 의자가 놓인 카페테
리아가 있다. 상영 전에 일찍 가서 커피를 마시며 영화
를 기다리거나 영화가 끝난 후 맥주를 마시며 대화하
기에 좋은 환경을 갖추었다. 이곳에서라면 나만의 근
사한 영화를 만날 수 있지 않을까? 상영은 주로 저녁에
만 한다.

◎ 영화에 따라 영어 자막이 지원되지 않을 수도 있으니 사전에 확
인하자.
◎ 아이슬란드 영화관은 보통 상영 중에 10분 휴식 시간이 있으나
비오 파라디스는 예외다.

(위쪽) 영화관 안에는 가지각색의 소파와 의자가 있다.
(아래 왼쪽) 레트로 분위기의 에스프레소 기계와 팝콘 기계.
(아래 오른쪽) 영화 개봉은 현지인이 속속 모여드는 큰 이벤
트다.

♀ Hverfisgata 54, 101 Reykjavík ☎ (354) 412-7711
http://bioparadis.is
⊙ 매표소 17:00~, 일부 공휴일 휴무
　상영 스케줄은 홈페이지에서 확인 가능

Grasagarður Reykjavíkur
그라사가르두르 레이캬비쿠르

아이슬란드를 대표하는 조각가 아우스문두르 스베인손의 작품 〈힘차게 빨래하는 여자〉.

여름날 자연에 둘러싸인 공원은 가족과 새들의 휴식처.

온천 계곡의 보타니컬 가든

시내 중심부에서 버스로 약 20분 거리에 있는 식물원으로 약 5천 종 이상의 식물이 서식하며 30분이면 한 바퀴를 둘러볼 수 있다.

일대가 활발한 지열 지대라서 1930년대 전후에는 여성들이 빨래를 하기 위해 모여들었다. 공원 안에는 당시의 빨래터 흔적이 남아 있으며 관련 자료도 전시되어 있다. 다채로운 색깔의 꽃이 만개하는 6~8월이 관광하기 가장 좋다. 식물원 안에서 여유롭게 산책을 하면 마음이 저절로 치유되는 것을 느낄 수 있다. 산책하다가 단것이 먹고 싶어지면 부지 안에 있는 카페 플로란(Flóran)에 들러보자. 커피는 물론 디저트가 일품이다.

공원 안에 만개한 라바테라 꽃.

📍 Laugardalur, 104 Reykjavík
☎ (354) 411-8650
http://grasagardur.is ⏱ 24시간 오픈
🚌 흘렘무르 버스 터미널에서 14번 버스로 약 10분(내려서 도보 11분)

Flóran
☎ (354) 553-8872 http://www.floran.is
⏱ 하절기 한정(5~9월) 8:00~22:00

넓은 온실 속에 자리한 카페 플로란.

©Hörður Ásbjörnsson

이곳에서 직접 만드는 수제 디저트. 먹기 아까울 정도로 예쁘다!

©Hörður Ásbjörnsson

Viðey
비데이 섬

점등식이 시작될 때까지 실내 콘서트를 즐기는 사람들.

하늘을 향해 힘차게 솟아오르는 평화의 빛

비데이 섬은 스카르파바키 부두에서 페리를 타면 약 5분 만에 도착한다. 10세기부터 사람이 살았다는 기록이 있으며 1225년부터 1539년까지는 아우구스티누스회의 수도원이 있어서 순례지로 각광받기도 했다. 1943년 이후로는 사람이 살지 않아 인위적이지 않은 자연을 만끽할 수 있다.

2007년에는 오노 요코가 오랜 세월 구상해온 계획을 바탕으로 빛의 탑 '이매진 피스 타워'가 세워졌다. 평화와 사랑이 넘치는 세계를 염원하며 존 레논의 생일인 10월 9일부터 기일인 12월 8일까지, 동지인 12월 21일부터 31일까지, 오노 요코의 생일인 2월 18일, 그리고 봄의 첫 번째 주인 3월 20일부터 27일까지 빛을 쏘아 올린다. 10월 9일에는 점등식 시작 전에 무료 콘서트가 열린다.

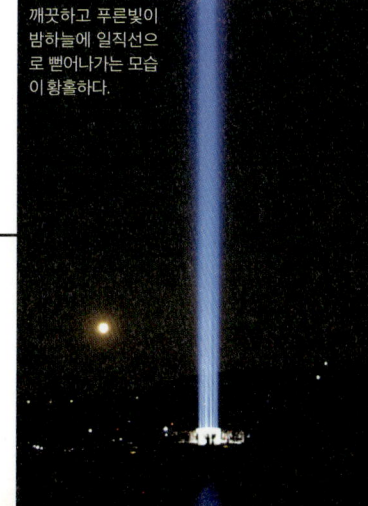
깨끗하고 푸른빛이 밤하늘에 일직선으로 뻗어나가는 모습이 황홀하다.

(왼쪽) 비데이 섬행 페리. 운행 시간은 짧지만 일상에서 벗어나는 느낌에 두근두근!
(가운데) 피스 타워 옆에 서 있는 안내문.
(오른쪽) 빛의 탑 주춧돌에는 'Imagine Peace'가 24개국 언어로 적혀 있다.

http://imaginepeacetower.com
🛥 스카르파바키 부두에서 비데이 섬행 페리로 약 5분
   어른 1,100ISK, 어린이(7~15세) 550ISK(왕복 요금)
   점등식이 시행되는 10월 9일은 무료(오노 요코 초대)
   페리티켓 예매 및 시간표는 홈페이지 참조
◎ 하절기(5/15~9/30)에는 하르파와 올드 하버에서도 비데이 섬행 페리를 탈 수 있다.
   http://videy.com/en/ferry/

레이캬비크
하루 코스

아이슬란드 여행의 꽃은 자연경관이라고 생각하는 사람들이 많다.
도심에 오래 머물지 않는 여행객들을 위해 레이캬비크 하루 코스를 소개한다.

태양을 향해 노를 젓는 '꿈의 보트'가 콘셉트인 조형물 솔파르는 사이브뢰이트 산책로에 있다.

spot 1

아침 식사 전에 해안을 따라 사이브뢰이트 산책로를 걷는다. 하르파(26p)까지 오면 안으로 들어가자. 항구의 풍경이 아름답다.

아침 햇살에 반짝이는 하르파.

spot 2

아침 식사 후 할그림스키르캬 교회(22p)를 둘러보고 시계탑에 올라가서 사진을 찍어보자. 근처의 효그민다가르두린(30p)에서 에이나르 욘손의 조각 작품을 감상한 후 레이캬비크 로스터즈(76p)에서 맛있는 커피를 한잔 마시며 잠시 여유를 만끽한다.

실력이 뛰어난 바리스타가 내려주는 최고의 에스프레소를 놓치지 말자!

뢰이가베구르 거리
의 가게를 구경하
고 스콜라뵤르두스
티구르 거리의 톨프
토나르(54p)에서 직
원이 추천해주는 아
이슬란드 음악을 감
상하자. 나만의 추
억이 될 만한 선물로도 아주 좋다!

©Keina Higashide

톨프 토나르는 지하 1층까지 레코드
와 CD의 보물창고다.

점심은 오스타부딘(64p)에서 피시 오브 더 데이를
주문하자. 배가 채워지면 하프나르후스(29p)에서
에로의 작품을 감상한다.

미국 만화의 세계관이
펼쳐지는 에로의 작품.

국회의사당 알싱기와 19세기 아이슬
란드 독립의 아버지 욘 시구르드손의
동상이 있는 외이스투르볼루르 광
장을 들른 후 트요르닌 호수(24p)
까지 걸어가서 들새에게 먹이를
주자. 호수 옆 시청사로 이어진
다리 위에서 보는 풍경이 빼
어나다!

자쿠지가 있는 순드흘린(183p)에서 피곤한 몸을 풀
어주고 저녁으로 스냅스(60p)의 명물 홍합 화이트와
인 찜을 먹는다. 레이캬비크에서의 하루가 멋지게 마
무리되는 순간이다!

에이나르 욘손(30p)이 만든
욘 시구르드손 동상.

시청사에서 이어진 다리의 풍경. 시청사 내부는 자유롭게 견학이 가능하다.

레이캬비크의
근교로 나가보자

Grótta 그로타

MAP[12p, A-1]

홀연히 모습을 드러내는 신기한 외딴섬

만조 때 홀로 떠 있는 것처럼 보이는 그로타. 레이캬비크 인근 지역인 셀탸르나르네스의 북부에 위치하며 간조 때 길이 열려 5분 정도면 건널 수 있다. 그로타에는 아름다운 등대가 있어서 한때 등대지기가 살기도 했으나 지금은 무인도라 가벼운 모험에 나선 기분을 맛볼 수 있다.

주변은 현지인의 산책 겸 조깅 코스로 인기가 높다. 근처의 작은 족욕장에서 따뜻한 물속에 발을 담그고 눈앞에 펼쳐진 바다를 바라보고 있으면 천국이 따로 없다(수건을 지참할 것!).

또한, 이곳은 오로라를 관측할 수 있는 최적의 장소다. 레이캬비크에서도 가까운 편이니 부담 없이 방문해보자.

빨간 모자가 귀여운 등대. 아이슬란드 특유의 흐린 하늘과 잘 어울린다.

오로라를 카메라에 담을 절호의 기회를 노리며 사람들이 모여든다.

그로타에서 볼 수 있는 들새, 들꽃, 조개 등.

오두막집 뒤편의 족욕장을 무료로 이용할 수 있다. 발끝에서부터 몸이 따뜻해진다.

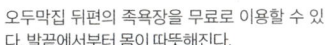

⚠ 그로타 방문 시 주의점

그로타는 들새가 많이 서식하는 자연보호구역이다. 새들이 둥지를 트는 시기인 5월 1일부터 7월 1일까지는 출입이 금지된다. 또한, 들새 간판 근처에 시간표가 비치되어 있으니 간조와 만조의 시간대를 미리 확인하자. 섬으로 건너간 후 만조로 바뀌면 한동안 돌아올 수 없다.

🚌 흘렘무르 버스 터미널이나 하르파에서 11번 버스를 타고 Lindarbraut/Hofgarðar에서 하차. 해안길 Norðurströnd를 따라 서쪽으로 도보 약 15분.
🚐 하르파 앞 도로인 Sæbraut에서 서쪽으로 가다가 처음 나오는 로터리에서 세 번째 출구를 빠져나온 후 Ánanaust를 직진한다. 그다음 로터리의 첫 번째 출구를 나와서 Eiðsgrandi를 따라 직진한다.

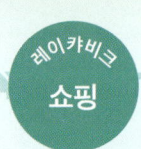
101 문화의 발신지, 2대 쇼핑 스트리트

레이캬비크의 거리를 제대로 즐기려면 빼놓을 수 없는 곳이 바로 중심지를 동서쪽으로 가로지르는 메인 쇼핑가 뢰이가베구르 거리와 그곳에서 남동쪽으로 갈라져 할그림스키르캬 교회로 이어지는 스콜라뵤르두스티구르 거리이다. 두 거리에는 각종 가게와 음식점이 즐비하다. 패션에 민감한 현지 젊은이들과 아티스트들이 사랑하는 이곳에서 레이캬비크의 101 문화(젊은 세대 문화)가 탄생했는데, 101은 중심지구의 우편번호인 101을 따온 것이다.

뢰이가베구르 거리에서 오른쪽으로 뻗은 길이 스콜라뵤르두스티구르 거리다.

북유럽 신화를 생활 속에서 느끼다

도심의 일부 거리명은 북유럽 신화에 등장하는 신과 바이킹의 이름에서 유래한다. 할그림스키르캬 교회 뒤편으로 이어진 레이프스가타(Leifsgata)는 바이킹 레이푸르 에이릭손의 이름, 프레이유가타(Freyjugata)는 북유럽 신화의 여신 프레이야(Freyja)의 이름에서 생겨났다. 사랑과 풍요의 여신 프레이야는 사랑 때문에 번민하는 사람들을 도와준다고 전해진다.

뢰이가베구르 거리에서 한 골목 들어가면 컬러풀한 건물이 많다.

Laugavegur

Laugavegur는 'Wash Road'라는 뜻으로 예전에 빨래터가 있던 뢰이가르달루르와 이어져 있다.

Laugavegur ~ Bankastræti ~ Austurstræti
뢰이가베구르 거리 ~ 반카스트라이티 ~ 외이스투르스트라이티

레이캬비크 제일의 번화가

동쪽의 흘렘무르 버스 터미널 근처에서 서쪽의 호텔 보르그(207p)와 국회의사당 알싱기가 있는 외이스투르볼루르 광장 주변까지 일직선으로 뻗어 있으며 도중에 거리명이 바뀐다. 날씨가 화창한 날에는 외이스투르볼루르의 잔디 위에서 일광욕을 즐기는 현지인들을 볼 수 있다.

서쪽으로 갈수록 가게가 드물어지면서 하프나르후스 미술관과 트요르닌 호수가 나온다. 흘렘무르에서 외이스투르볼루르까지 걸으면 40분 정도 걸린다. 짧은 번화가이지만 골목을 구석구석 둘러보고 사람 구경을 하는 재미가 쏠쏠하다.

Skólavörðustígur 스콜라뵈르두스티구 거리

교회로 이어지는 제2의 메인 스트리트

뢰이가베구르 거리에서 할그림스키르캬 교회를 향해 뻗은 직선 길. 뢰이가베구르 거리보다 분위기가 차분하며 이곳 역시 고급스러운 숍과 카페가 즐비하다. 카페 로키에서는 아이슬란드 전통 요리(59p)를 먹을 수 있다.

Skólavörðustígur

할그림스키르캬 교회가 길잡이 역할을 한다.

Aurum
아우룸

MAP[14p, B-2]

늘 신상품을 선보이는 매장은 센스 있는 현지인과 관광객들로 북적인다.

모던한 미술관 느낌의 숍

뢰이가베구르에서 이어진 거리에 위치한 편집숍이다. 세계적으로 주목받는 아이슬란드 디자이너의 제품과 다른 유럽 국가의 인테리어 소품은 물론, 주인 구드뵤르그가 엄선한 일본 잡화를 판매한다.

편집숍과 내부로 연결된 액세서리 매장에는 구드뵤르그가 직접 디자인한 액세서리가 진열되어 있다. 황량한 용암 대지에 핀 가련한 들꽃, 호수 위에 떠 있는 우아한 백조의 날개 등 아이슬란드의 자연에서 모티브를 얻은 섬세한 액세서리를 선보인다. 소중히 간직하고 싶은 아이슬란드 기념품을 찾는 사람들에게 추천한다.

(위쪽) 편집숍의 한 코너. 와인색 벽이 고상한 분위기를 자아낸다.
(아래쪽) 매장의 공방에서 만든 액세서리가 컬렉션별로 진열된다.

📍 Bankastræti 4, 101 Reykjavík ☎ (354) 551-2770
http://aurum.is
🕐 10:00~22:00(토요일 ~18:00, 일요일 12:00~17:00),
   일부 공휴일 휴무
◎ 동절기 평일 ~18:00, 토요일 ~17:00

백조 모양 18K 금 다이아몬드목걸이(132,900ISK). 이슬 모양 은귀고리(8,900ISK).

◎ 주인 구드뵤르그와의 인터뷰를 220~221p에서 소개한다.

Geysir
게이시르

보들보들한 담요와 남
녀 모두 착용할 수 있는
소품들.

(위쪽) 고급 면 소재의 기본 셔츠와 가죽 장갑 등.
(왼쪽) 몇 가지 색인지 세어보고 싶어지는 내추럴 컬
러의 울 양말.

캐주얼한 아이템의 집합소

아이슬란드의 인기 패션 브랜드
파머스 마켓이나 게이시르 등의
세련된 수입 캐주얼웨어 브랜드를
취급하는 편집숍이다. 따뜻한 느
낌의 나무 바닥과 레트로 조명, 앤
티크 선반으로 꾸며진 매장에서
뚜렷한 취향이 드러난다.

지하 1층과 지상 1층 두 층에 여성,
남성, 아동복을 중심으로 다양한
브랜드 제품이 쾌적하게 진열되어
있다. 파머스 마켓의 스웨터와 숄,
비크 프론스도티르(204p)의 목도
리, 게이시르의 울 양말을 추천한
다. 심플하면서도 독특한 색감이
특징이다.

크리스마스 시즌의 쇼윈도 디스플레이.

📍Skólavörðustígur 16, 101 Reykjavik ☎ (354) 519-6030
http://www.geysir.com
⊙ 9:00~22:00, 일부 공휴일 휴무
◎ 동절기 10:00~19:00, 일요일 11:00~17:00
◎ 회이카달루르점, 아쿠레이리점도 있다.

Hrím
흐림

발랄한 생활용품이 가득한 곳

사랑스러운 쇼윈도에 저절로 발길이 향하는 소품 가게다. 아이슬란드 외에도 유럽 여러 나라의 소품들이 총집합되어 있다. 감각적인 북유럽 디자인 문구부터 깜찍한 토이 카메라까지 구색이 다양하다. 이곳에서 도보 1분 거리에 있는 흐림 엘드후스(Hrím Eldhús)는 주방용품을 취급하는 같은 계열의 숍이다. 안쪽으로 깊숙한 매장 안에 아이슬란드 키즈 브랜드 튤리팝의 식기류와 디자인 하우스 스톡홀름, 팔콘 에나멜웨어, 듀라렉스 등 유럽을 대표하는 브랜드의 아름답고 기능적인 주방용품이 정연하게 진열되어 있어서 보는 것만으로도 눈이 즐겁다.

(위쪽) 아이슬란드의 수제 초콜릿 오므노므는 포장도 맛도 굿!
(아래쪽) 아이슬란드 전통 크레이프형 팬케이크 Pönnukaka를 굽는 납작한 팬.

(위쪽) 선명한 색상의 외관과 쇼윈도 디스플레이에 무심코 발길이 멈춘다.
(왼쪽) 알록달록한 소품이 돋보이도록 우드와 연한 컬러로 꾸민 실내.

가게 안의 상품 진열과 수납 방식도 눈여겨보자.

Hrím
📍 Laugavegur 25, 101 Reykjavík ☎ (354) 553-3003
http://hrim.is
🕐 10:00~20:00(금요일 ~19:00, 토요일 ~18:00,
　　일요일 13:00~18:00), 일부 공휴일 휴무
◎ 동절기(8/25~6/16) 평일 및 토요일 ~18:00, 일요일 ~17:00

Hrím Eldhús
📍 Laugavegur 32, 101 Reykjavík ☎ (354) 553-2002
🕐 Hrím과 동일(단, 동절기는 일요일 휴무)
◎ 크링란점도 있다.

Mýrin
미린

세로로 길쭉한 매장에 여심을 사로잡는 아이템이 감각적으로 연출되어 있다.

성숙한 여성들을 위한
고급스러운 공간

심플하고 우아한 라이프스타일을 제안하는
옷과 액세서리 편집숍이다. 주인 란베이그
(Rannveig)가 아이슬란드 및 다른 유럽 브랜드
들 중에서 여성의 마음을 사로잡는 물건들을
엄선하여 판매한다.

세라믹 공예가 소라 핀스도티르가 만든 브랜
드 '핀스도티르'의 도자기와 핀란드 패션 브랜
드 '사무이'를 구입할 수 있는 가게는 아이슬란
드에서 이곳이 유일하다. 연한 분홍색과 노란색
으로 염색한 귀여운 양가죽 쿠션(26,000ISK~),
심플한 골드 액세서리(16,500ISK~) 등이 있다.

(위쪽) 국내에 소개되지 않은 브랜드가 많다.
(아래 왼쪽) 흐링 에프티르 흐링(210p)의 디저트처럼 생긴 액세서리.
(아래 오른쪽) 인테리어의 포인트가 될 핀스도티르 꽃병.

사무이 제품들이
진열된 코너.

📍 Kringlan 4-12, 103 Reykjavík (쇼핑몰 크링란 안)
☎ (354) 578-8989 http://myrinstore.is
⏱ 10:00~18:30(목요일 ~21:00, 금요일 ~19:00, 토요일 ~18:00,
　일요일 13:00~18:00), 일부 공휴일 휴무
🚌 라이캬르토르그 광장에서 1, 3, 6번 버스로 약 15분(하절기에는
　하르파에서 무료 버스 운행)

Fóa
포아

MAP[14, B-2]

작지만 센스가 돋보이는 기념품을 찾는다면!

2013년에 새롭게 문을 연 소품 가게로 우드를 기본 소재로 사용한 실내에는 여러 아이슬란드 디자이너들의 따뜻한 감성이 묻어나는 소품들이 가득하다. 나무를 조각해서 만든 정감 있는 순록, 멍한 표정의 핸드메이드 바이킹 인형, 양과 퍼핀이 그려진 귀여운 동물 마그넷, 핸드메이드 허브 비누, 용암이 박힌 양초 등 다양한 구색을 갖추고 있어서 기념품을 찾는 사람들에게 특히 반가운 곳이다.
물가가 비싼 아이슬란드에서는 기념품 고르는 일도 만만치 않다. 이곳에서 작지만 센스가 돋보이는 핸드메이드 제품을 골라보자.

(위쪽) 서부 피오르산 바닷소금. 블루베리와 이끼가 섞인 것, 라크리스 맛 등 선택의 폭이 넓다.
(아래쪽) 아이슬란드 용암과 이끼가 박혀 있는 소이 캔들.

📍 Laugavegur 2, 101 Reykjavík ☎ (354) 571-1433
https://www.facebook.com/foaiceland
⊙ 10:00~19:00(일요일 ~18:00), 일부 공휴일 휴무
◎ 동절기(9~6월) 10:00~18:00, 일요일 13:00~17:00

(위쪽) 핸드메이드 소품과 잘 어울리는 우드 인테리어.
(아래쪽) 아이슬란드 울 펠트로 만든 양 마그넷.

시골 어머니가 시즌 오프 기간에 제작해 주는 순록.
소박한 표정이 사랑스러운 나무 조각 바이킹.

심플한 2색 패턴.
조금 보기 드문 색감.

3색 패턴.
흰색은 대부분 섞여 있다.

말이 친숙하기 때문인지
최근에는 말 무늬도 많다.

나뭇잎을 형상화한 무늬.

새하얀 스웨터에
파란색이 도드라지는 배색.

로파페이사는 하나의 큰 캔버스다. 니트를 만드는 사람의 취향이 색깔과 무늬로 나타난다.

아이슬란드
울 이야기

아이슬란드 니트로 널리 알려진 '로파페이사(lopapeysa)'는 전통적인 아이슬란드 울 스웨터를 말한다.

아이슬란드 울 소재의 독특한 쿠션과 담요.

아이슬란드 울은 바이킹 시대부터 이어져온 소재로 민족의상이나 담요 등에 사용되어 추위를 막는 데 큰 활약을 했다. 채소를 재배하기 힘든 한랭한 기후 때문에 개척 당시 양은 귀중한 식량으로 쓰이기도 했다. 양이 없었다면 아이슬란드라는 나라는 존재하지 않았을지도 모른다.

로파페이사나 양말을 만드는 정도로밖에 활용하지 못한 아이슬란드 울 시장은 점차 활기를 잃어 1991년에는 아이슬란드 최대의 울 공장이 폐쇄하는 위기에 직면했다. 하지만 2008년 금융 위기를 계기로 디자이너들은 훌륭한 전통 소재인 아이슬란드 울에 눈을 돌려 기존과는 전혀 다른 독특한 제품을 만들어내기 시작했다. 이 디자인 혁명으로 아이슬란드 울 시장이 활성화되어 경기 회복에 기여했다. 현재는 아이슬란드 울의 가치가 재평가되어 해외에서도 로파페이사의 인기가 높아졌다. 아이슬란드에서 머무는 동안 기념이 될 만한 울 제품을 꼭 찾아보자.

여름 방목 시기가 끝난 후 한 군데로 몰아놓은 양들.

©Fridrik Orn Hjaltested

Handprjónasamband Íslands
한드프료나삼반드 아이슬란드

로파페이사를 찾는다면!

MAP[14p, B-2]

창문 너머로 산더미처럼 쌓인 스웨터가 보인다.

다양한 종류의 로파페이사. 울 모자와 장갑도
선물로 인기 만점.

보물 더미에서 나만의 로파페이사를 찾자!

스콜라뵤르두스티구르 거리의 반지하 가게. 아담한
가게 내부에는 현지 사람들이 손수 뜬 로파페이사,
양말, 목도리 등이 빽빽하게 쌓여 있다. 언제나 관광
객으로 발 딛을 틈이 없는 곳이지만 찬찬히 훑어보며
마음에 쏙 드는 로파페이사를 찾아보자.

📍 Skólavörðustígur 19, 101 Reykjavík
☎ (354) 552-1890
http://www.handknit.is
🕐 9:00~22:00(토요일 ~18:00, 일요일 10:00~18:00),
   일부 공휴일 휴무
◎ 동절기(9/1~6/16) 9:00~18:00, 일요일 10:00~17:00,
   일부 공휴일 휴무
◎ 뢰이가베구르점, 호텔 사가점도 있다.

Rauði Krossinn
뢰이디 크로신

MAP[14p, B-2]

좋은 물건을 손에 넣을 수 있는 곳

적십자가 운영하는 헌 옷 가게다. 특히 뢰이가베구르 거리에 있는 지점은 싸고 좋은 물건이 많아서 패셔너블한 현지인들이 반드시 둘러보는 곳이다. 신상품 로파페이사는 아무리 싸도 우리 돈으로 20만 원이 넘는 편이다. 물건 종류는 다양하지 않지만 오래 간직할 수 있는 한 벌을 저렴한 가격에 구입할 수 있다.

복고풍 드레스가 진열된 쇼윈도. 주저하지 말고 들어가 보자.

아이슬란드 울의 특징

광택이 있고 방수가 되는 겉면과 부드럽고 보온성이 뛰어난 안면으로 이루어진 이중 구조이지만, 비교적 가볍고 습도에 강하므로 실내에서는 물론 야외에서도 입을 수 있다. 아이슬란드 양은 수 세기 동안 다른 종과 피가 섞이지 않고 순수 혈통을 이어오고 있다는 점에서도 가치가 있다.

카디건 타입도 인기. 이 카디건 단추는 순록 뿔로 만든 것.

어린이용 로파페이사도 있다. 체격이 작은 사람이라면 눈여겨볼 것!

♥ Laugavegur 12, 101 Reykjavík
☎ (354) 551-1414
⊙ 10:00~18:00(주말 12:00~16:00), 일부 공휴일 휴무
◎ 레이캬비크 시내의 세 점포를 포함하여 전국에 열두 개의 점포가 있다.

Kiosk
키오스크

MAP[15p, B-3]

최신 아이슬란드 브랜드를 만나다

여덟 명의 아이슬란드 인기 디자이너가 공동 운영하는 부티크. 2011년부터 4년 연속으로 영어판 무가지 레이캬비크 그레이프바인지(The Reykjavík Grapevine)의 'The best place to stock up on local Icelandic fashion design'에 선발되었다. 아이슬란드 패션 브랜드에 관심이 있는 사람이라면 반드시 들러야 할 곳이다.

아이슬란드의 풍경이 날염된 부드러운 셔츠, 독특하고 트렌디한 원피스, 단 하나뿐인 핸드메이드 액세서리 등 개성 넘치는 상품들이 즐비하다. 디자이너들이 교대로 가게를 보고 있으니 궁금한 것이 있다면 물어보자.

(위쪽) 가장 앞쪽에 걸려 있는 밀라 스노라손(213p)의 독특한 스웨터는 개인적으로도 즐겨 입는 옷이다.
(왼쪽) 이날의 직원은 액세서리 브랜드 Hlín Reykdal의 디자이너 흐린.

(위쪽) 다채로운 색상의 드레스가 걸려 있다. 예술 작품처럼 하나하나 감상해보자.
(오른쪽) 파란 간판이 눈에 띄는 하얀색 외관.

⚲ Laugavegur 65, 101 Reykjavík ☎ (354) 445-3269
http://kioskreykjavik.com
⊘ 10:00~18:00(토요일 11:00~17:00), 일요일 및 일부 공휴일 휴무
◎ 동절기 11:00~18:00(토요일 ~17:00)

50

Herrafataverzlun Kormáks & Skjaldar
헤라파타베르스룬 코르마우크 & 스칼다르

MAP[15p, B-3]

무대 미술 디자이너가 연출한 널찍한 매장.

아이슬란드 신사들의 아지트

1996년에 개업한 이 가게는 영화 〈위대한 개츠비〉에 나올 법한 신사복과 소품으로 가득하다. 오리지널 브랜드는 물론 영국의 헤리티지 브랜드 바버(Barbour), 해리스 트위드(Harris Tweed) 등 오랜 전통이 있는 브랜드를 취급한다. 셔츠(10,000ISK~), 오리지널 양복 세트(75,000ISK 전후), 헌팅캡(10,000ISK~), 가죽구두(15,000ISK~) 등은 젠틀한 남성을 위한 선물로 제격이다. 뢰이가베구르 거리에 위치한 슈퍼마켓 보누스(90p)의 지하 계단을 따라 내려가면 바로 찾을 수 있다.

(위쪽) 벽 한쪽 면에 걸린 화려한 중절모와 헌팅캡. (아래쪽) 색상이 산뜻하고 바느질이 꼼꼼한 재킷들. (왼쪽) 유달리 눈에 띄는 이발 코너. (이발 5,000ISK~, 면도 1,000ISK~, 사전 예약 필수)

친절한 점원이 선물을 고를 때 아낌없이 충고해준다.

📍 Laugavegur 59, 101 Reykjavk
☎ (354) 511-1817
http://herrafataverslun.is
🕐 10:00~18:00(토요일 및 동절기 11:00~), 일요일 및 일부 공휴일 휴무

66°NORTH
식스티식스 디그리 노스

MAP[14p, B-2]

스타일리시한 아웃도어 브랜드

"북극권의 혹독한 날씨 속에서 생사를 넘나들며 일하는 아이슬란드 어부들을 위해 옷을 만들고 싶다!"라는 창업자 한스 크리스챤손의 뜨거운 열정으로 1926년에 문을 연 전통 있는 브랜드다. 아이슬란드의 여러 아웃도어 브랜드 중에서도 스타일리시하고 평소에 입을 수 있는 제품들이 많아서 인기가 높다. 예쁘고 색상이 튀지 않아 평상복으로도 손색이 없다.

66°NORTH는 한스의 고향이자 브랜드의 발상지인 서부 피오르 어촌 수두르에이리의 위도를 나타낸다. 초심을 잊지 않겠다는 의지가 담겨 있다.

📍 Bankastræti 5, 101 Reykjavík (반카스트라이티점)
☎ (354) 535-6680
https://www.66north.com
🕘 9:00~22:00(동절기 ~19:00, 동절기 일요일 10:00~18:00),
　　일부 공휴일 휴무
◎ 크링란점 등 레이캬비크 시내에 세 점포가 있다.

컬러풀한 비니(2,900ISK~)는 현지인의 애용품!

차분한 색상이라 코디하기 쉽다.

(오른쪽) 패션과 실용성을 겸비한 우비는 현지인들에게 인기 만점.
(왼쪽) 매장이 넓어서 여유롭게 쇼핑할 수 있다.

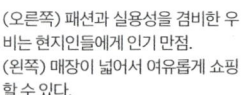

Eymundsson
에이문드손

통유리창의 모던한 책방. 창가에 앉아서 사람 구경하는 재미가 쏠쏠하다.

모두가 좋아하는 길거리 책방

1872년 창업한 아이슬란드에서 가장 오래되고 가장 큰 책방이다. 레이캬비크 시내에만 여섯 개의 점포가 있으며 다른 주요 도시에도 지점이 있다. 시내 점포 세 곳에는 카페가 입점되어 있어 커피를 마시면서 책을 읽을 수 있다. 계산 전에도 이용이 가능하다.

총 7층 높이의 넓은 매장에서는 문구류와 CD도 판매한다. 작은 마을 의사의 전기나 일반인이 쓴 부모의 전기 등 '대체 누가 읽을까?'라며 고개가 갸우뚱해지는 책도 있다. 아이슬란드인은 뿌리를 더듬어 올라가면 모두 친척지간이라고 하니, 모르는 사람의 전기도 왠지 친근하게 느껴지는 것이 아닐까, 싶다.

📖 아이슬란드는 자비출판율 세계 1위라는 특이한 타이틀을 가지고 있다. 전문가가 아니더라도 책을 집필하면 위탁 판매라는 형태로 에이문드손에 비치하고 팔 수 있다.

(위쪽) 화제의 신간이나 할인 중인 책이 질서정연하게 쌓여 있는 코너. 벽면에는 잡지가 놓여 있다.
(아래쪽) 서점 내 카페 테 오 카피(79p). 이곳에서 읽고 싶은 잡지를 훑어보자.

📍 Austurstræti 18, 101 Reykjavík ☎ (354) 540-2130
http://www.eymundsson.is
🕐 9:00~22:00(일요일 10:00~), 일부 공휴일 휴무(외이스투르스트라이티점)
◎ 스콜라뵈르두스티구르점, 뢰이가베구르점 등 레이캬비크 시내에 여섯 개의 점포가 있다.

판매 중인 CD도 들어볼 수 있다.

12 Tónar
톨프 토나르

전설의 레코드 가게

1998년에 창업한 작은 레코드 가게로 시끄러운 도심에서 조금 떨어진 스콜라뵈르두스티구르 거리에 있다. 가게 안으로 들어서는 순간 마음이 포근해지는 신비로운 분위기가 흐른다. 예전에 비요크, 시규어 로스, 뭄 같은 원로 뮤지션들이 자주 드나들었으며(어쩌면 지금도!) 레코드 사업을 겸하고 있어 요한 요한손이나 사마리스(192p)를 비롯한 거물급 뮤지션과 젊은 실력파 밴드들의 열렬한 호응을 얻고 있다.
다양한 장르의 아이슬란드 음악을 갖추고 있으므로 아이슬란드 음악을 좋아하는 사람들에게는 보물창고나 다름없다. 구석방에서는 직원이 내려주는 에스프레소를 마시며 테이블 주변에 놓여 있는 CD플레이어로 편하게 음악을 감상할 수 있다.

📍 Skólavörðustígur 15, 101 Reykjavík
☎ (354) 511-5656 http://www.12tonar.is
🕐 10:00~20:00(동절기 ~18:00, 일요일 12:00~18:00), 일부 공휴일 및 동절기 일요일 휴무

Lucky Record
럭키 레코드

(위쪽) 낡은 집을 개조하여 가정집 분위기가 난다.
(아래쪽) CD와 레코드 외에도 오리지널 티셔츠와 천 가방을 판매한다.
(왼쪽) 역대 대통령들이 지켜주는 듯한 느낌. 차분하고 조용하게 음악을 들을 수 있는 환경이다.

점원이 추천하는 젊은 아이슬란드 뮤지션을 192~195p에서 소개한다!

©Keina Higashide

아이슬란드 에어웨이브(196p) 기간에는 가게 내부가 라이브 공연장으로 바뀐다. 뮤지션들을 코앞에서 볼 수 있다!

현지 DJ들의 집합소

도심의 흘렘무르 버스 터미널 바로 옆에 위치한 넓은 레코드 가게. 국적을 불문하고 재즈부터 소울, 펑크, 아프로비트, 일렉트로닉, 클래식까지 폭넓은 장르를 갖추고 있어서 현지 뮤지션과 DJ, 음악 마니아들로 성황을 이룬다. 추억의 레코드 한 장을 발견할 수 있는 최적의 장소다.

(위쪽) 레코드 재킷과 포스터, 그라피티로 장식된 펑키한 매장.
(왼쪽) 듣고 싶은 레코드를 발견하면 점원에게 요청하자.
(아래쪽) 쇼윈도만 들여다봐도 무언가 발견할 수 있을 듯한 예감이 든다!

📍 Rauðarárstígur 10, 105 Reykjavík ☎ (354) 551-1195
http://luckyrecords.is
🕐 9:00~19:00(주말 11:00~17:00), 일부 공휴일 휴무

레이캬비크의
스트리트 패션

예술가적 기질이 있는 레이캬비크의 젊은이들은 패션 감각이 뛰어나다. 중고 옷 가게에서 발견한 아이템을 멋지게 매치하고 자기만의 스타일을 완벽하게 소화한다. 뢰이가베구르 거리를 걷다가 마주치는 현지 젊은이들의 멋지고 독특한 패션은 지나가는 이의 시선을 사로잡는다. 그들은 자신에게 무엇이 어울리는지 분명히 파악하고 자기를 표현하는 하나의 수단으로서 패션을 즐기고 있다.

Hæ!
하이!

디자인 숍 점원. 독특한 디자인의 원피스와 모자로 자칫 지루해질 수 있는 모노톤 스타일에 변신을 꾀했다.

뢰이가베구르 거리에 자주 출몰하는 이름난 신사. 주말마다 콜라포르티드(벼룩시장)에서 신사복을 판매한다. 이날은 닥터마틴 부츠를 구매했다. 색상을 매치한 감각이 돋보인다.

보육사. 헌 옷 가게에서 발견한 재킷을 한껏 드러내어 박력 있게 연출했다. 메탈 느낌의 반짝이는 스니커즈와 뱅 스타일의 앞머리가 포인트.

모델. 오버 사이즈의 낡은 데님 재킷과 배를 살짝 드러낸 짧은 길이의 탱크톱 밸런스가 절묘하고 자연스럽다. 심플하면서도 트렌디하다.

직물 디자이너. 그녀의 전시
회에서 선보이는 스타일링
을 취재했다. 서로 다른 무
늬가 들어간 직물을 능숙하
게 매치했다. 최근에는 도쿄
에 거주하며 시모키타자와
에 푹 빠져 있다.

옷 가게 점원. 크론크론(214p)
의 원피스를 맵시 있게 소화했
다. 함께 매치한 스타킹과 구
두가 원피스를 더욱 돋보이게
한다.

뢰이가베구르 거리에 위치한 인기
중고 옷 가게 노스탈기아(Nostalgía)
의 점원. 화려한 재킷과 검정 에나멜
구두가 잘 어울린다. 101 젊은이들의
파티 스타일이다.

Æðí!
멋져!

Velkomin!
환영해요!

가구 장인. 디자인 페스티벌
에서 취재했다. 양 끝을 위로
말아 올린 콧수염과 직접 만
든 나무 보타이, 둥근 안경으
로 은근한 개성을 드러냈다.

Sjáumst!
또 만나요!

오가닉 숍 점원. 금발
에 푸른 원피스가 눈에
띄는 코디네이션. 쇼핑
은 대부분 중고 옷 가
게에서 해결한다.

구두 가게 점원. 레이캬
비크 패션 페스티벌 현장
에서 취재했다. 가죽조끼
를 걸쳐 전형적인 데님
온 데님 스타일을 완성했
다. 손에 든 트렌치코트
의 색상이 포인트.

식료품점 직원. 지금 복
장 그대로 스윙 댄스파
티에 가도 될 듯한 레드
& 블랙의 조합. 금색 새
버클이 달린 벨트가 사
랑스럽다.

아이슬란드의 식도락

여행의 큰 즐거움 중 하나는 바로 식도락이다. 최근 아이슬란드에서는 맛집 투어 열풍을 타고 고급스러운 카페와 레스토랑이 잇따라 문을 열고 있다. 특히 신선하고 질 좋은 아이슬란드산 채소와 고기를 사용한 요리가 유행이다. 아이슬란드의 대표적인 식재료와 요리를 알아보자.

Lambakjöt 람바쾨트

양고기

아이슬란드 양은 여름 방목 기간 중 해안가에서 해조류, 산속에서 산딸기, 잔디밭에서 풀을 왕성하게 뜯다가 목이 마르면 온천수를 마시는 등 활발하게 움직인다. 고기에 불필요한 지방분이 없어 놀라울 정도로 부드러우며 특유의 악취도 나지 않는다. 양고기를 못 먹는 사람들도 아이슬란드에서라면 도전할 만하다.

양고기와 당근, 감자, 순무 등 뿌리채소가 듬뿍 들어간 쾨트수파(Kjötsúpa). 몸 전체에 따스한 온기가 퍼진다.

Lax 락스

연어

살이 통통하게 오른 대서양 연어. 식당에서는 주로 훈제(사진)나 그릴에 구운 요리를 팔지만 이보다는 생연어를 추천한다. 입 안에서 사르르 녹는 식감을 즐길 수 있다. 초밥을 파는 레스토랑은 물론 회전 초밥집도 있으니 꼭 먹어보자. 크로난(90p)의 팩에 포장된 초밥도 맛있다.

아이슬란드 전통 빵 플라트브뢰이드(Flatbrauð, 납작한 빵)에 올려 먹는 것이 일반적이다.

Humar 후마르

징거미새우

현지에서는 로브스터(lobster)라고 불리기 때문에 거대한 미국 바닷가재를 상상하게 되지만 실제로는 몸집이 작은 편이다. 채소와 토마토 페이스트, 월계수 잎과 함께 푹 끓인 후 고운 체로 거른 로브스터 수프(아이슬란드어로 후마르수파, Humarsúpa)와 갈릭 버터 소테를 추천한다.

징거미새우의 탱글탱글한 살이 듬뿍 든 후마르수파. 생크림을 곁들이면 농후해진다.

사이즈도 다양하다.
사진은 미니 사이즈.

Skyr 스키르

스키르

11세기부터 바이킹들이 먹었다고 전해지는 전통적인 유제품이다. 탈지분유가 주원료라 지방분이 거의 없으며 단백질과 칼슘이 풍부하다. 아이슬란드에서는 남녀노소 누구나 즐겨 먹는 음식이다. 식감이 크림치즈처럼 묵직한 편이고 부담스럽지 않아 출출할 때 먹기에 안성맞춤이다. 바나나 맛, 딸기 맛, 바닐라 맛 등 종류도 다양하다.

생크림을 곁들인 스키르 타르트.
크림이 많은데도 뒷맛이 깔끔하다.

Bláskel 블라우스켈

홍합

아이슬란드에서는 1년 내내 양식 홍합을 즐길 수 있다. 아이슬란드의 깨끗한 바다에서 통통하게 자란 홍합은 맛이 일품이다. 가장 추천하는 메뉴는 홍합의 고급스러운 맛과 진하게 우러나온 국물을 즐길 수 있는 화이트와인 찜.

스냅스(60p)의 간판 메뉴
홍합 화이트와인 찜.

카페 로키의 전통 요리 세트. 왼쪽부터 호밀빵, 하우칼, 브렌니빈(72p), 플라트브뢰이드, 하르드피스쿠르(91p).

BSÍ 버스 터미널의 스비드. 사이드는 매시드포테이토(오른쪽 아래)와 루타바가(스웨덴 순무).

아이슬란드의 가정 요리와 전통 요리

가정 요리는 식재료를 간단하게 조리한 것이 많다. 주로 플로크피스쿠르(Plokkfiskur, 대구가 듬뿍 들어간 감자그라탱), 한기쾨트(Hangikjöt, 훈제 양고기), 훈제 연어 등을 호밀 빵이나 삶은 감자와 함께 낸다.

양 머리를 반으로 잘라서 구운 스비드(Svið), 하우칼(Hákarl, 상어고기를 발효한 것), 스카타(Skata, 홍어를 발효한 것으로 암모니아 냄새가 강하다) 등 바이킹 시대부터 전해져 내려오는 전통 요리도 있으나 젊은 세대는 별로 선호하지 않는다.

스비드는 BSÍ 버스 터미널에서, 하우칼은 시내의 카페 로키(MAP 14p, C-2)에서 맛볼 수 있다.

☆ Snaps
스냅스

©Baldur Kristjáns

레이캬비크에서 가장 인기 있는 레스토랑

2012년에 오픈한 프렌치 레스토랑으로 예약하기가 하늘의 별 따기다. 홍합 화이트와인 찜(59p 사진), 베어네이즈 소스를 곁들인 스테이크, 프리트 등 아이슬란드산 재료로 만든 맛있는 요리를 즐길 수 있다. 중심 거리에서 조금 떨어진 한적한 주택가에 있지만 가게 내부는 웃음소리와 유리잔이 스치는 소리로 활력이 넘친다. 특히 주말에는 현지인들로 발 딛을 틈이 없으며 유명인의 모습이 눈에 띄는 날도 많다.

인기 요리는 물 프리트(3,500ISK). 아이슬란드산 홍합 화이트와인 찜과 베어네이즈 소스를 곁들인 감자튀김이 접시에서 흘러내릴 정도로 수북이 담겨 나온다. 추천 디저트는 크렘브륄레(990ISK). 바삭바삭한 캐러멜과 입 안에서 부드럽게 녹는 커스터드의 조화가 일품이다.

배가 불러도 꼭 주문하게 되는 크렘브륄레.

고기가 톡 벗겨지는 먹음직스러운 오리 콩피(4,300ISK).

현지인으로 가득 찬 실내. 창가에 일렬로
늘어선 관엽식물이 산뜻하다.

와인이나 칵테일을 마시며   추운 겨울에는 창문에서 새어 나
이야기가 무르익는 바 자리.   오는 따뜻한 빛이 더욱 반갑다.

아이슬란드산 치즈를 듬뿍 넣은 프렌치 어니언 수프(2,100ISK).

📍 Óðinstorgi, 101 Reykjavík
☎ (354) 511-6677
http://www.snaps.is
🕐 7:00~10:00(조식), 11:30~23:00(금·토요일 ~24:00),
   일부 공휴일 휴무
◎ 전화나 메일로 예약 필수(예약 접수 ~18:30).

Grillmarkaðurinn
그릴마르카두린

모던한 아이슬란드 요리를 즐길 수 있는 곳

요리 프로그램을 진행하는 인기 여성 셰프 흐레프나 사이트란(Hrefna Sætran)이 경영하는 세련된 레스토랑이다. '그릴 마켓'을 뜻하는 가게 이름처럼 양고기, 연어, 징거미새우 등의 숯불구이와 꼬치구이를 선보인다. 대부분의 가정에 바비큐 장비가 있는 아이슬란드에서 그릴 요리는 사람들의 입맛을 정확히 파악한 콘셉트라 할 수 있다. 현지인들이 생일이나 기념일 등 특별한 날에 자주 찾는 곳이다.

셰프가 농가에서 제철 재료를 직접 사들일 때 얻은 정보로 메뉴를 결정하며 모두 기대 이상의 맛을 자랑한다. 이끼와 현무암으로 아이슬란드의 자연을 표현한 인테리어도 훌륭하여 그 공간에 있는 것만으로 가슴이 설렌다.

©Björn Árnason

아이슬란드의 자연과 모던한 느낌이 융화된 세련된 레스토랑 내부.
©Björn Árnason

©Björn Árnason
아이슬란드산 밍크고래 스테이크(2,490ISK).

(위쪽) 부드럽고 질 좋은 립 아이 스테이크(5,890ISK).
(아래쪽) 새빨간 외관이 특징이다. 중심가에서 조금 안쪽으로 들어간 곳에 위치한다.

📍 Lækjargata 2a, 101 Reykjavík ☎ (354) 571-7777
http://www.grillmarkadurinn.is
🕐 런치 11:30~14:00(평일만 가능),
디너 18:00~22:30(금·토요일 ~23:30), 일부 공휴일 휴무
◎ 가격이 조금 비싼 편이므로 런치 타임에 이용하면 좋다.

Bergsson Mathús
베르그손 마트후스

MAP[14p, B-1]

마음이 채워지는 자연주의 레스토랑

국회의사당 뒤편의 새하얀 외벽이 인상적인 카페 겸 레스토랑이다. 커다란 창문 안을 들여다보면 먹음직스럽게 진열된 홈메이드 천연 발효빵이 안으로 들어오라고 손짓하는 것 같다.

메뉴는 빵과 수프(1,390ISK), 비타민이 풍부한 모닝 플레이트(1,790ISK), 테이크아웃이 가능한 오늘의 메뉴(2,290ISK)* 등 다양하다. 신선한 재료 본연의 맛을 살린 건강한 요리를 맛볼 수 있다.

따뜻한 느낌의 식기와 무심하게 놓여 있는 식물 등 손님이 편안한 시간을 보낼 수 있도록 배려한 이 공간은 빡빡한 여행 일정을 잠시 미루고 메일을 보내거나 책을 읽기에 더없이 좋다.

* 오늘의 메뉴는 평일 한정이다. 16:00~18:00에 테이크아웃을 하면 2인분을 1인분 가격에 살 수 있다.

샐러드와 천연 발효빵이 함께 나오는 든든한 한 끼 식사, 수프 플레이트(1,890ISK).

무심코 오래 앉아 있게 되는 아늑한 공간.

날씨가 화창한 날에는 야외에서 식사나 커피를 즐겨보자.

📍 Templarasund 3, 101 Reykjavík
☎ (354) 571-1822
http://bergsson.is
🕐 7:00~21:00(주말 ~17:00), 일부 공휴일 휴무

그림책과 컬러링북이 비치되어 있어 아이와 함께 와도 좋다.

Ostabúðin
오스타부딘

생선 요리가 먹고 싶다면 여기!

현지인의 발길이 끊이지 않는 생선 요리 전문점이다. 스콜라뵤르두
스티구르 거리의 델리카트슨 식료품점과 나란히 있다. 추천하고 싶
은 메뉴는 매일매일 다른 생선 요리가 나오는 '피시 오브 더 데이'.
직원에게 오늘의 생선이 무엇인지 물었을 때 혹시 모르는 이름이
나오더라도 걱정은 금물! 그만큼 훌륭한 맛을 보장한다. 식사 전에
나오는 부드러운 빵 또한 별미다. 올리브오일을 양껏 찍거나 혹은
요리의 소스에 푹 담가서 먹으면 일품이다.

올리브오일과 살라미, 치즈 종류가 다양
하다. 테이크아웃이 가능한 파니니도 맛
있다.

델리카트슨은 다양한 살라미와 치즈를 무게에 따라 판매하고 있으
므로 여러 종류를 조금씩 사서 와인과 함께 즐겨도 좋다. 와인과 살
라미, 치즈로 피크닉 기분을 내보자.

2015년에 리뉴얼하여 한층 고급
스러워진 가게 내부.

피시 오브 더 데이(1,680ISK, 런치).

델리카트슨 입구. 레스토랑
과 내부가 연결되어 있다.

📍 Skólavörðustígur 8, 101 Reykjavík
☎ (354) 562-2772
http://www.ostabudin.is
🕐 11:30~21:00, 일부 공휴일 휴무
◎ 런치 ~14:00
◎ 델리카트슨 10:00~18:00(금요일 ~18:30,
　토요일 11:00~16:00), 일요일 휴무

Garðurinn
가르두린

몸이 좋아하는 채식 요리

뢰이가베구르 거리에서 한 골목 옆으로 들어간 곳에 있는 작은 채식 레스토랑이다. 가게 문을 열고 들어서는 순간 직원이 친절한 미소로 반겨준다.

식사 메뉴는 오늘의 메인 디시(1,800ISK, 하프 사이즈 1,200ISK), 홈메이드 빵과 병아리 콩을 곁들인 오늘의 수프(1,200ISK, 하프 사이즈 900ISK) 두 가지뿐이다. 메인 디시와 수프를 절반씩 시킬 수도 있다. 신선한 채소와 정성이 가득 담긴 요리를 먹고 나면 온몸이 따뜻해진다. 레이캬비크에서 가장 맛있다고 소문난 초콜릿 케이크도 놓치지 말자. 초콜릿이 진하면서도 산뜻하다.

매일매일 달라지는 메인 디시. 이날은 그린 샐러드가 수북이 담긴 채소 카레.

메인 스트리트 옆 골목의 완만한 경사에 위치한다.

가게 내부는 소박하고 깔끔하면서도 따뜻한 분위기가 흐른다.

초콜릿 케이크(950ISK, 하프 사이즈 500ISK).

📍 Klapparstígur 37, 101 Reykjavík
☎ (354) 561-2345
🕐 11:00~18:30(수요일 ~17:00, 토요일 12:00~17:00), 일요일 및 일부 공휴일 휴무

65

아이슬란드에서 맛보는
이국적인 요리

Ban Thai 반 타이

MAP[15p, C-4]

대통령 부부가 좋아하는 태국 음식점

아이슬란드에는 태국에서 건너온 이주민이 많아서 태
국 음식점도 흔하다. 어디에서 먹든 다 맛있지만, 그중
에서도 레이캬비크 그레이프바인지의 '베스트 오브 타
이 레스토랑'으로 여러 번 선발된 이 가게를 추천한다.
아이슬란드에 체류 중인 할리우드 배우들도 종종 찾아
오는 곳이다.

딱 적당하게
매운 치킨
그린 카레
(1,990ISK).

서민적이고 차분한 분위기에서 식사할 수 있다.

📍 Laugavegur 130, 105 Reykjavík
☎ (354) 552-2444
http://banthai.is
🕐 18:00~22:00(금·토요일 ~23:30),
　 일부 공휴일 휴무

생강 소스를 듬뿍 뿌린 대구 양파
볶음(2,190ISK)도 인기 메뉴.

Hraðlestin 흐라들레스틴

MAP[14~15p, ① B-3, ② B-2]

인도인 셰프가 만드는 숙성 카레

인도의 정식 요리 '탈리'. 치킨 플레이트와 채소 플레이트가 있다.

레이캬비크 시내에만 세 점포를 운영하는 인기 인도 음식점. 인도인 셰프가 본고장의 맛을 아이슬란드인 취향에 맞게 각색하여 선보인다. 테이크아웃이라면 크베르피스가타점, 술을 한잔 마시며 여유롭게 식사하고 싶다면 라이캬르가타점으로 갈 것. 치킨과 양고기를 듬뿍 넣은 카레는 물론 채소 카레도 맛볼 수 있다.

크베르피스가타점은 혼자서도 편하게 식사할 수 있는 분위기다.

크베르피스가타점(①)
📍 Hverfisgata 64a, 101 Reykjavík
🕐 17:00~22:00, 일부 공휴일 휴무

라이캬르가타점(②)
📍 Lækjargata 8, 101 Reykjavík
🕐 11:00~22:00(주말 17:00~, 금·토요일 ~23:00), 일부 공휴일 휴무

☎ (354) 578-3838 http://www.hradlestin.is

라이캬르가타점에서는 인도 분위기가 물씬 나는 접시에 담겨 나온다.

The Deli 더 델리

실패 확률 제로인 트라토리아

라자냐를 좋아하는 주인이 잘라서 담아주는 아담한 트라토리아(지방의 특색 음식을 중심으로 한 소규모의 이탈리아 식당)로 레스토랑보다 합리적인 가격으로 피자와 파스타, 바게트, 파니니 등을 테이크아웃할 수 있다. 추천 메뉴는 라자냐(1,590ISK)와 치킨 파니니(1,250ISK)다. 속이 꽉 차서 금방 배불러지지만 도저히 멈출 수 없는 맛이다.

📍 Bankastræti 14, 101 Reykjavík
☎ (354) 551-6000
http://www.deli.is
🕐 10:00~20:00(목요일 ~익일 2:00, 금·토요일 ~익일 6:00), 일요일 및 일부 공휴일 휴무

뢰이가베구르 거리에 있어서 찾기 쉽다.

두둑한 토핑 덕분에 한 조각만 먹어도 든든하다.

토핑은 올리브와 선드라이 토마토, 시금치 등. 한 조각에 450ISK.

나이트라이프를 즐기자!

음악 문화가 활성화된 레이캬비크에서는 주말마다 DJ 이벤트와 콘서트가 열린다. 인기 그룹 멤버가 DJ를 할 때도 많아서, 분위기에 취해 춤추다가 무심코 DJ를 보니 '비요크'였다는 이야기를 들은 적도 있다. 뢰이가베구르 거리의 카페와 바에서는 심야에 테이블과 의자를 한쪽으로 치워 즉석 댄스 무대를 만든다. 특별한 이벤트가 없는 날에는 어느 가게나 무료로 출입할 수 있다. 특히 백야 시즌에는 짧은 여름을 만끽하려는 사람들이 거리로 몰려나와 뢰이가베구르 거리는 북적북적 활기가 넘친다.

알아두면 유용한 정보!

★ 바(bar)는 경쟁이 심해 폐업하거나 상호가 변경되는 일이 빈번하다. 현지의 가게 직원 등에게 추천해달라고 하는 것이 가장 확실한 방법이다.
★ 각종 이벤트 정보는 레이캬비크 그레이프바인지(231p)에서 확인할 수 있다.
★ 현지인이 거리로 나오는 시간은 새벽 1시~2시경이다.
★ 레이캬비크는 치안이 좋은 편이지만 재킷이나 코트를 훔쳐가는 사람들이 있다. 귀중품은 늘 몸에 지니고 외투는 눈에 보이는 곳에 보관하자.

관광객과 현지인으로 붐비는 인기 클럽 후라(Húrra).

Kaffibarinn
카피바린

MAP[14p, B-2]

빨간색 벽과 런던 지하철 로고 간판이 특징이다.

클럽계의 선두 주자

매 주말 인기 DJ가 음악을 틀어주어 현지인들에게는 '일단 믿고 가는 곳'이 되었다. 작은 댄스 플로어가 몸을 움직이지 못할 정도로 꽉 들어차고 밖에는 줄이 길게 늘어선다. 일찍 가는 편이 좋다.

📍 Bergstaðastræti 1, 101 Reykjavík
☎ (354) 551-1588
http://www.kaffibarinn.is
⊙ 15:00~익일 1:00(금·토요일~익일 4:30), 일부 공휴일 휴무

Mengi
멘기

MAP[14p, B-2]

엄선된 예술계 이벤트를 즐기자!

레이캬비크 출신 아티스트들이 공동 운영하는 곳이다. 주로 콘서트, 전시, 영화 상영 등 예술 관련 이벤트를 개최한다. 멘기의 아트 디렉터인 스쿠리 스베리손(뉴욕에서 활약하는 작곡가 겸 베이시스트)이 엄선한 뮤지션들의 라이브 공연도 즐길 수 있다.

📍 Óðinsgata 2, 101 Reykjavík
☎ (354) 588-3644
http://www.mengi.net
⊙ 콘서트 21:00~(티켓 요금 2,000ISK)
◎ 스케줄이 불규칙적이므로 자세한 내용은 홈페이지의 'Event Program'에서 확인하자.

©Olafur Jonsson

콘서트에 따라 앉아서 관람하기도 한다. 차분히 감상할 수 있는 환경을 갖춘 곳이다.

Micro Bar
미크로 바

MAP[14p, B-1]

호텔 로비를 빠져나가면 캐주얼한 공간이 펼쳐진다.

아이슬란드의 지역 맥주를 골고루 마실 수 있는 곳!

아이슬란드와 수입산 수제 맥주를 다양하게 보유하여 현지의 맥주 애호가들이 밤마다 모여드는 맥주 바로 도심의 시티센터 호텔 1층에 위치한다.

최근에 세계적으로 인기가 높아지고 있는 아이슬란드 맥주를 마셔보고 싶다면 다섯 종류의 맥주를 조금씩 맛볼 수 있는 테이스팅 메뉴를 선택하자.

맥주 마니아들의 탄성을 자아내는 셀렉숀 바.

다섯 종류의 맥주를 비교하며 마시자! 170ml 잔에 따라준다(2,500ISK).

📍 Austurstræti 6, 101 Reykjavík
☎ (354) 847-9084
🕐 16:00~익일 0:30, 일부 공휴일 휴무
◎ 해피 아워(17:00~19:00)에는 맥주가 700ISK!

70

Tíu Dropar
티우 드로파르

MAP[15p, B-3]

여자 혼자서 술 한잔하기 좋은 카페 겸 바

몇 세대에 걸쳐 현지인에게 사랑받아온 오래된 반지하 카페다. 앤티크풍 인테리어가 마치 아이슬란드의 할머니 댁에 놀러 온 느낌을 준다. 주말 낮에는 가족 동반 손님들로 북적이지만 밤에는 어른들의 공간으로 바뀐다. 환상적인 촛불 속에서 느긋하게 맥주와 와인을 즐길 수 있다.

(위) 카페 로고에 그려진 커피포트가 가게 곳곳에 있다.
(아래) 무심하게 놓여 있는 유리병 허브티.

향수를 불러일으키는 흑백사진과 옛 레이캬비크의 지도가 장식된 벽.

📍 Laugavegur 27, 101 Reykjavík
☎ (354) 551-9380
⊙ 9:00~익일 1:00(주말 10:00~), 일부 공휴일 휴무

아이슬란드의 술 정보

아이슬란드인은 홈 파티를 즐기거나 밤에 나가서 술 마시는 것을 좋아한다. 평일에 밤늦게까지 마시는 일은 없지만 주말의 열기는 대단히 뜨겁고 무척 흥겹다.

한때 금주법이 시행되어 맥주는 1915년부터 1989년까지, 독한 증류주는 1935년까지 금지되었다. 정부는 알코올 중독이 사회 문제로 번지는 것을 우려하여 지금도 알코올 도수 2.25% 이상의 술은 국영 주류 매장인 빈부딘에서만 판매하도록 규제하고 있다. 슈퍼마켓에서는 저알코올 맥주만 판매한다.

최근에 수제 맥주가 각광받으면서 아이슬란드에서도 다양한 제조업체가 독자적인 수제 맥주를 출시하고 있다. 여기서는 특히 여성들에게 추천하고 싶은 맥주와 리큐어를 소개한다.

주말에 많은 인파로 붐비는 외이스투르스트라이티의 런드로매트 카페.

국영 주류 매장

Vínbúðin 빈부딘　　MAP[14p, B-1]

📍 Austurstræti 10a, 101 Reykjavík (외이스투르스트라이티점)
☎ (354) 562-6511
🕐 11:00~18:00(금요일 ~19:00), 일요일 및 일부 공휴일 휴무
◎ 수도권에 열두 개의 점포가 있다.

Skál!
(건배!)

2014년에 초록색 병에서 투명한 병으로 바뀌었다. 욜게르딘 제품.

추천 애플리케이션
Appy Hour

술이 비싼 아이슬란드에서 저렴하게 마실 수 있는 알짜배기 팁이 있다. 여러 술집에서 특정 시간에 가격을 할인해주는 '해피 아워' 서비스를 이용하는 것이다. 레이캬비크 그레이프바인지가 무료로 제공하는 애플리케이션 'Appy Hour'를 통해 점포별 해피 아워 정보를 한눈에 확인할 수 있다.

아이슬란드의 지역 술
Brennivín 브렌니빈

아이슬란드를 대표하는 술이다. 캐러웨이 씨앗 향을 입힌 감자 전분 지게미를 발효시켜 만든 슈냅스(증류주)로, 직역하면 '불타는 와인'이라는 뜻이다. 알코올 도수는 37.5%이며 '검은 죽음'(Black Death)라고 불리기도 한다. 하우칼(59p)과 함께 마시는 것이 전통적인 스타일이고, 냉동실에 병째 넣은 후 액체가 걸쭉해지면 비슷한 온도로 얼린 양주잔에 따라서 원샷하는 것이 현대판 바이킹 스타일이다. 귀국할 때 케플라비크 국제공항에서 미니 병을 구입할 수 있으니 선물로 추천한다.

Craft Beer

White Ale
화이트 에일

에인스톡/5.2%

밀이 주원료인 연한 노란빛의 뽀얀 맥주로 오렌지와 고수풀의 상쾌한 향과 연한 산미가 특징이다. 더운 여름날 마시기에 딱 좋다.

Freyja
프레이야

올비스홀트/4.5%

밀이 주원료이며 탄산이 약하고 거품이 적다. 레몬 향과 산미가 특징이다. 이름은 북유럽 신화에 등장하는 사랑과 미의 여신 프레이야에서 유래했다.

Brío
브리오

보르그/4.8%

탄산이 강하고 쓴맛이 적당하며 상쾌하고 깨끗한 필스너 맥주다. 2012년 월드 비어 컵에서 금상을 받으며 유명해진 맥주다.

Kaldi Lager
칼디 라거

브룩스미/5.0%

아이슬란드산 수제 맥주 열풍의 선구자적 존재로 아이슬란드인 커플이 체코의 맥주 장인과 함께 개발했다. 톡 쏘면서도 달콤한 향이 나고 뒷맛이 깔끔하다.

Crowberry Liqueur
크로우베리 리큐어

레이캬비크 디스틸러리/21%

아이슬란드 전역에서 자라는 야생 크로우베리를 대량 함유한 리큐어로 쓴맛이 적당하고 풍미가 상큼하다. 비타민 C와 항산화 물질이 풍부해서 피부 미용 효과가 있다.

8~9월 중순은 크로우베리 수확 철.

Liqueur

Rabarbara Liqueur 루바브 리큐어

레이캬비크 디스틸러리/21%

아이슬란드 일반 가정에서도 재배되는 대중적인 채소 루바브를 함유한 리큐어다. 사과와 비슷한 산미가 있어서 물이나 스파클링 와인과 섞어 마시면 맛있다.

Björk Liqueur
뵤르크 리큐어

포스 디스틸러리/27.5%

Blueberry Liqueur 블루베리 리큐어

레이캬비크 디스틸러리/21%

아이슬란드 사람들은 블루베리를 스키르에 섞거나 크림과 설탕을 곁들이는 등 디저트로 즐겨 먹는다. 손으로 딴 야생 블루베리를 가미한 리큐어는 식전에 마시거나 칵테일 베이스로 쓰기에 적합하다.

Birkir Snaps 비르키르 스냅스

포스 디스틸러리/36%

뵤르크와 비르키르는 유럽의 자작나무를 가리킨다. 봄에 벤 자작나무로 풍미를 더해 상쾌한 나무 향이 부드럽게 입 안을 감싼다. 토닉 워터를 섞어서 라임을 띄워 마시거나 블러드 오렌지 주스와 섞어 마시는 것을 추천한다.

레이캬비크
커피와
빵

아이슬란드인이 사랑하는 커피

아이슬란드 사람들은 커피를 사랑한다. 아침에 출근하기 전 커피 한잔을 위해 좋아하는 카페에 들르거나, 저녁 퇴근길에 친구와 카페에서 만나 커피를 즐기는 등 틈날 때마다 커피를 마신다. 가장 인기있는 것은 라테, 카푸치노, 에스프레소인데, 특히 아이슬란드의 신선하고 맛있는 우유를 넣은 라테가 예술이다.

아이슬란드를 처음 방문하는 관광객은 스타벅스가 없다는 사실에 깜짝 놀란다(참고로 맥도날드와 세븐일레븐도 없다). 인구가 적고 독자적인 커피 문화가 깊숙이 뿌리박혀 있어서 진출하기 어렵다는 등 여러 가지 설이 무성하다. 레이캬비크의 카페는 더치, 에어로프레스, 사이펀 등 커피를 내리는 방법에 까다로운 기준을 적용하는 곳이 많아서 단순히 카페 분위기가 좋은 것만으로는 살아남기 어렵다.

대부분의 카페가 아이슬란드의 3대 로스터리(직접 원두를 볶아서 판매하는 곳)인 '카피타우르', '테 오 카피', '레이캬비크 로스터즈'의 바리스타가 볶은 콜롬비아산, 브라질산, 인도네시아산 등의 원두를 사용한다. 이 원두들은 슈퍼마켓에서도 살 수 있으니 커피 마니아를 위한 선물로 추천한다.

조용하고 아늑한 카페, 모카 카피(77p).

현지 아티스트의 작품과 가구로 꾸며진 그라우이 쿄투린(81p).

할그림스키르캬 교회 주변의 한적한 주택가에 위치한 레이캬비크 로스터즈(76p).

🔹 대부분의 카페에서 와이파이 무료.
🔹 많은 카페에서 레귤러커피 리필 무료.

강렬한 색상의 벽이 눈길을
끄는 시 이즈 포 쿠키(80p).

Reykjavík Roasters
레이캬비크 로스터즈

원두와 커피 관련 도구들도 판매한다.

©Keina Higashide

바리스타 챔피언이 내려주는 최고의 커피

아이슬란드 바리스타 챔피언 대회에서 2회 우승한 잉기뵤르그와 수많은 아이슬란드 바리스타 챔피언을 육성한 소냐가 2008년에 오픈한 곳이다. 현재는 네 명의 바리스타가 공동 운영 중이다.
앤티크 가구와 식기로 감각적인 인테리어를 연출한 카페에 앉아 레트로풍 턴테이블에서 흘러나오는 음악을 들으며 최고의 커피를 즐길 수 있다. 농가에서 직수입하여 가볍게 볶은 콜롬비아산, 케냐산 원두의 과일 향과 산뜻한 산미가 특징이다. 원두의 산지는 다양하며 시기에 따라서도 달라진다. 가게가 좁아서 합석하게 되는 경우도 빈번하니 현지인에게 말을 걸어볼 절호의 기회다. 이곳에서 멋진 인연을 만날지도 모른다.

(위쪽) 카피 스미드잔(에스프레소와 우유 거품)은 덴마크 쿠키 사라 베르나르와 함께. (아래쪽) 단골손님인 니트 아티스트 남성. 뜨개질하기에 최고의 장소라고 한다.

듣고 싶은 레코드가 있으면 직원에게 얘기하고 들어보자.

📍 Kárastígur 1, 101 Reykjavík ☎ (354) 517-5535
http://www.reykjavikroasters.is
🕐 8:00~18:00(주말 9:00~), 일부 공휴일 휴무

Mokka Kaffi
모카 카피

MAP[14p, B-2]

모두에게 사랑받는 오래된 카페

1958년에 문을 연 전통 있는 카페로 아이슬란드에서 에스프레소 기계를 최초로 도입하여 에스프레소, 카푸치노, 카페라테를 보편화한 곳이다. 카페 내부는 창업 당시와 크게 달라지지 않았다. 나무 천장, 벽, 빨간 융단, 조명, 작은 커피테이블, 가죽 의자 등에서 오랜 세월과 격식이 느껴진다. 추천 메뉴는 생크림과 잼을 곁들인 달콤하고 부드러운 와플이다.

매일 같은 자리에 앉는 단골 노인, 이야기꽃을 피우는 가족, 젊은이들로 적당히 북적이는 사랑스러운 공간이다.

폭신폭신하고 커다란 와플 (970ISK).

(위쪽) 카페 벽은 현지 아티스트의 작품을 장식하는 갤러리 공간이다.
(아래쪽) 라심발리 사의 아름다운 레드와인색 에스프레소 기계.

크리스마스 시즌에는 간판 위에 미니트리가 걸린다.

📍 Skólavörðustígur 3a, 101 Reykjavík
☎ (354) 552-1174
http://www.mokka.is
🕙 9:00~21:00(동절기 ~18:30), 일부 공휴일 휴무

아이슬란드에서 탄생한
2대 커피 체인점

Kaffitár 카피타우르

MAP[14p, B-2]

제대로 된 커피를 즐길 수 있는 곳

레이캬비크 근교에 일곱 개의 점포를 운영하는 카페다. 전문가가 직접 니카라과와 브라질 농가에서 엄선해 온 고품질 아라비카 원두를 사용하여 제대로 된 커피를 즐길 수 있다. 바리스타들을 수개월 동안 훈련시켜 과거에 아이슬란드 바리스타 챔피언을 배출하기도 했다. 현지인들의 휴식처인 이곳은 늘 즐겁게 이야기하는 사람들로 활기가 넘친다.

카피타우르에 가면 꼭 주문하는 최고의 조합. 카페라테 & 빵 오 쇼콜라.

남미가 콘셉트인 카페. 알록달록하고 친근한 분위기.

'From farm to cup'이라는 메시지가 적힌 일회용 컵.

📍 Bankastræti 8, 101 Reykjavík (반카스트라이티점)
☎ (354) 511-4540 http://kaffitar.is
🕐 7:30~18:00(일요일 10:00~17:00), 일부 공휴일 휴무
◎ 크링란점, 국립박물관점 등도 있다.

Te og Kaffi 테오카피

젊은 여성들이 이야기를 나누고 여행자가 독서
를 하며 각자의 시간을 보내는 공간.

아이슬란드판 스타벅스?

1984년 아이슬란드인 커플이 오픈한 최대의 커피 체인점이다. 1호점은 레이캬비크 도심 한 구석에 있던 자그마한 커피숍이었다. 아이슬란드에 커피 문화가 침투되면서 점점 성장하여 현재는 열 개 이상의 점포를 운영하게 되었다. 카페 분위기가 조용하고 편안해서 업무나 회의 중인 사람들의 모습을 종종 볼 수 있다.

'티 & 커피'라는 가게 이름대로 차와
관련된 상품도 다수 판매한다.

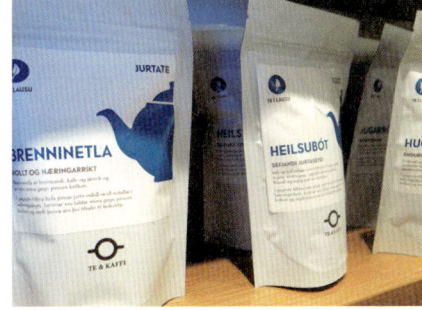

테오카피의
로고는 포개놓은
컵 두 잔을 위에서
내려다본 모양.

📍 Laugavegur 27, 101 Reykjavík (뢰이가베구르점)
☎ (354) 527-2880 http://www.teogkaffi.is
⏱ 8:00~18:00(주말 10:00~18:00), 일부 공휴일 휴무
◎ 라이카르토르그점, 아달스트라이티점 등도 있다.

C Is For Cookie
시 이즈 포 쿠키

MAP[14p, B-2]

**오래 머물고 싶은
가정집 분위기의 카페**

아이슬란드로 이주한 젊은 폴
란드인 커플이 2011년에 오픈
했다. 시내 중심부이기는 하지
만 번화가에서 떨어진 곳에 위
치하여 나만의 조용한 시간을
즐길 수 있다.

레귤러커피(420ISK)를 무료
리필해주며, 따끈따끈하고 크
리미한 코코아(610ISK)와 초
콜릿 소스를 뿌린 치즈 케이크
(750ISK)가 일품이다.

생크림을
듬뿍 얹은
코코아와 수제
치즈 케이크.

폭신폭신한 소파에 앉아서 커피를
마시면 좀처럼 일어나기 힘들다.

♥ Týsgata 8, 101 Reykjavík
☎ (354) 578-5914
⊙ 7:30~18:00(동절기 9:00~, 토요일 11:00~17:00,
  일요일 12:00~17:00), 일부 공휴일 휴무
◎ 주말 영업시간은 연간 변동 없음.

Grái Kötturinn
그라우이 쾨투린

카페가 좁아서 금세 만석이 되므로 일찍 가는 편이 좋다.

50년대 분위기의 예술 카페

밖에서 들여다보면 얼핏 무슨 가게인지, 영업을 하고 있는지 아닌지 분간이 안 되는 작은 반지하 카페다. 할아버지 서재에 들어온 듯한 복고풍 카페라서 현지 아티스트와 지식인이 자주 찾아온다.

이곳의 명물은 미국 식당에서 나올 법한 베이컨 & 에그 정식이다. 장시간 비행으로 지친 몸과 마음을 달래줄 스태미나식을 맛보자.

반지하 가게. 자물쇠가 걸려 있으면 문을 닫았다는 표시다.

바삭바삭하게 구운 토스트에 아이슬란드산 버터가 절묘하게 어우러진 베이컨 & 에그 정식.

📍 Hverfisgata 16, 101 Reykjavík
☎ (354) 551-1544
🕐 7:15~15:00(주말 8:00~15:00), 일부 공휴일 휴무

Sandholt
산드홀트

혼자서도 편안하게 머물 수 있는 공간. ©Karl Petersson

시내 제일의 빵집

1920년에 창업한 오랜 전통의 베이커리 및 케이크 가게다. 아이슬란드산 버터를 사용한 케이크와 타르트, 고급 초콜릿, 마카롱 등 서양과자의 종류가 다양하다. 현재 5대째 주인 아우스게일이 재료를 선별하고 시간과 노력을 들여 정성껏 만들고 있다. 2014년에 리뉴얼하여 안에서 먹을 수 있는 넓은 공간도 마련되었다. 반짝반짝 윤이 나는 케이크에 저절로 시선이 가지만, 가장 추천하고 싶은 것은 유기농 재료로 만든 천연 발효빵이다. 쫄깃한 식감과 부드러운 맛이 예술이다. 테이블에 앉아서 먹을 수 있는 빵과 수프 세트(1,295ISK)는 점심으로 먹기에 좋다.

> 천연 발효빵은 유기농 식품점 푸르 뢰이가 (89p)에서도 판매한다.

📍 Laugavegur 36, 101 Reykjavík
☎ (354) 551-3524 http://sandholt.is
🕐 6:30~20:00(목·금·토요일 ~21:00), 일부 공휴일 휴무

진한 노란색 패션프루트 케이크도 맛있다.

©Karl Petersson

크림이 듬뿍 들어 있어서 하나만 먹어도 든든한 에크레아(450ISK).

주방에서 하나하나 만드는 수제 초콜릿.

Hamborgara Búllan
함보르가라 불란

MAP[14p, A-1]

폭신폭신한 빵과 육즙 가득한 아이슬란드산 소고기가 참을 수 없는 맛!

클럽 같은 분위기에 처음 오는 사람들은 깜짝 놀란다.

로큰롤 분위기의 햄버거 가게

아이슬란드 외식 산업계의 유명 인사 톤미가 2004년에 1호점을 열었다. 순식간에 인기가 높아져 2015년 아이슬란드에 일곱 점포, 해외에 네 점포를 운영 중이다.

가게 내부에는 디스코 볼이 반짝이고 크리스마스트리에 장식하는 알전구가 천장을 덮고 있으며, 할리우드 영화와 뮤지션의 포스터가 벽에 다닥다닥 붙어 있다. 화려한 조명 때문에 처음에는 들어가기 망설여지지만 시간이 지나면 오히려 편안해지는 신기한 곳이다.

햄버거 속 재료는 유기농 아이슬란드 소고기, 신선한 토마토, 양파, 양상추, 치즈다. 재료는 소박한 편이지만 구운 정도가 절묘해서 아무리 먹어도 며칠만 지나면 또 먹고 싶어지는 위험한 햄버거다.

바 위쪽에 손글씨 메뉴가 걸려 있다.

📍 Geirsgata 1, 101 Reykjavík (게이르스가타점)
☎ (354) 511-1888 http://www.bullan.is
🕐 11:30~21:00, 일부 공휴일 휴무
◎ 반카스트라이티점 등 아이슬란드 내에 일곱 개의 점포가 있다.

Eldsmiðjan
엘드스미댠

MAP[14p, C-2]

2층 테이블 공간은 편안하게 머물 수 있는 분위기다.

할그림스키르캬 교회에서 가까운 한적한 주택가
모퉁이에 있다.

돌가마에서 굽는 본격적인 피자

아이슬란드의 인기 피자 체인점으로
숙련된 피자 장인들이 아이슬란드산
자작나무를 땔감으로 사용하여 돌가
마 속에서 먹음직스러운 피자를 구
워낸다.
피자는 아이슬란드에서 가장 대중적
인 음식이다. 미국식 식생활을 즐기
는 아이슬란드 사람들이 유독 피자
를 좋아하다 보니 자연스레 크고 작
은 피자집이 잇따라 생겨났다. 그중
에서도 1986년에 1호점을 오픈한 이
래 변함없이 현지인의 사랑을 받고
있는 엘드스미댠의 피자는 더욱 특
별하다.
테이크아웃도 가능하지만 브라가가
타 거리에 있는 1호점에서 커다란 창
문으로 바깥 풍경을 내다보며 갓 구
운 피자를 먹어보자.

치킨, 페페로니, 선드라이 토마토 등을
올린 인기 피자 아모레(1,995ISK~).

📍 Bragagata 38a, 101 Reykjavík (브라가가타점)
☎ (354) 562-3838 http://www.eldsmidjan.is
🕐 11:00~23:00, 일부 공휴일 휴무
◎ 레이캬비크 시내에 뢰이가베구르점, 수두르란즈
　브뢰이트점까지 세 점포가 있다.

84

Bæjarins Beztu Pylsur
바이야린스 베스투 필수르

MAP[14p, A-2]

미국의 빌 클린턴 전 대통령이 방문했던 인기 가게.

아이슬란드 국민의 소울 푸드

핫도그는 아이슬란드의 국민 음식이라고 불린다. 주유소 옆이나 쇼핑몰 등 시내 곳곳에서 판매한다. 그중에서도 가장 추천할 만한 곳은 도심에 위치한 바이야린스 베스투 필수르다. '마을 제일의 핫도그'라는 의미를 가진 이곳은 1937년 개점 이래 현지인의 사랑을 한 몸에 받고 있다.

주문할 때는 "에인 메드 옷투루(Ein með öllu, One with everything)"라고 하는 것이 정석이다. 잘게 썬 양파와 튀긴 양파를 토핑으로 올리고, 케첩과 브라운 머스터드, 마요네즈 베이스의 레모라디 소스를 뿌린 핫도그가 나온다. 현지인들과 함께 따끈따끈한 핫도그를 먹어보자.

직원이 능숙한 솜씨로 만들어주므로 줄이 길어도 금방 차례가 돌아온다.

이것이 '에인 메드 옷투루' (400ISK). 음료 별도 (200ISK).

📍 Tryggvagata, 101 Reykjavík (트릭그바가타점)
http://www.bbp.is
🕐 10:00~익일 1:00(금·토요일~익일 4:30),
　 일부 공휴일 휴무
◎ 크링란점 등 레이캬비크 시내에 네 개의 점포가 있다.

추위 따위 상관없어요!
We ♥ Ice cream

북극권에 위치한 아이슬란드에서 인기 있는 뜻밖의 음식은 무엇일까?
정답은 바로 아이스크림이다. 아이슬란드에는 아이스크림 가게가 상당히 많으며 여름에는 물론,
한겨울의 추운 날씨에도 가게 밖까지 줄이 늘어선 진풍경을 볼 수 있다.
추운 겨울날 느닷없이 아이스크림이 먹고 싶어진다면 이미 아이슬란드에 적응했다는 증거다.

아이슬란드에 상륙한 지 얼마 안 되는 젤라토는
단숨에 인기 스타로 등극했다.

뢰이가베구르 거리에 있
는 바다 빙(Bada Bing)
젤라토.

과일이나 쿠키를
취향대로 토핑해
서 먹을 수 있는 가
게도 있다.

Valdís 발디스

아이스크림 격전지의 절대 강자

2013년 오픈한 지 1년도 채 지나기 전에 아이슬란드 인기 아이스크림 가게 랭킹 상위권에 오른 발군의 젤라토 가게다. 파스텔 색상의 다양한 젤라토가 진열된 쇼케이스를 보기만 해도 마음이 설렌다. 직원들의 사랑스러운 유니폼이 분위기를 한층 띄운다.

입구 근처에서 번호표를 받은 후 차례가 올 때까지 기다린다.

티라미수 맛
젤라토(350ISK~).

♀ Grandagarður 21, 101 Reykjavík
☎ (354) 586-8088
http://valdis.is
🕒 12:00~23:00(5/15~9/15 11:30~23:30),
  일부 공휴일 휴무

가게가 위치한 그란디는 최근에 급부상한 개발 지구다.

현지인에게 사랑받는 간식, 빵

아무리 작은 마을이라도 바카리(Bakarí, 베이커리)가 없는 곳은 찾아보기 어렵다. 바카리는 아이슬란드인의 식문화를 엿볼 수 있는 곳이다. 어느 바카리에서든 반드시 찾아볼 수 있는 베스트 빵을 소개한다.

Vínarbraud 비나르브뢰이드

크루아상처럼 생긴 빵에 커스터드 크림이나 잼을 집어넣고 딸기, 초콜릿, 캐러멜 등의 아이싱을 듬뿍 묻힌 데니시 페이스트리로 길쭉한 모양, 동그란 모양 등 생김새도 가지각색이다.

겉에 뿌린 견과류의 식감이 일품.

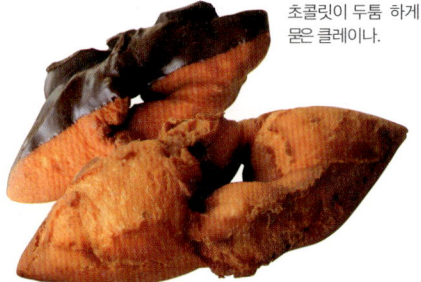

초콜릿이 두툼 하게 묻은 클레이나.

Kleina 클레이나

밀가루, 달걀, 설탕, 버터로 만든 심플한 꽈배기 도넛이다. 아이슬란드인에게 가장 사랑받는 빵이다. 너무 달지 않은 맛과 겉은 바삭하고 속은 촉촉한 식감이 중독성 있다. 초콜릿을 묻힌 클레이나도 추천한다.

적당히 달아서 아이들도 무척 좋아한다.

Hjónabandssæla 효나반드사일라

'행복한 결혼'이라는 이름의 오트밀 블루베리 파이다. 블루베리 대신 루바브가 들어간 것도 있으며 사각사각한 식감과 새콤달콤한 맛이 절묘하다. 아이슬란드인 부부의 사이가 원만해지는 비결일지도!

차가운 우유와 잘 어울리는 루바브 잼 파이의 겉모양이 인상적이다.

Snúdur 스누드르

초콜릿이나 캐러멜 시럽을 듬뿍 올린 커다란 시나몬 롤이다. 폭신폭신하고 쫄깃쫄깃한 속살에 시나몬 가루가 적당히 뿌려져 있어서 하나를 뚝딱 먹어치우게 된다. 커피와 궁합이 잘 맞는다.

Kókoskúlur 코코스쿨루르

아이슬란드 아이들이 사랑하는 간식으로 오트밀, 초콜릿, 코코아 가루, 코코넛 오일을 섞어서 공 모양으로 만든 후 코코넛 플레이크를 묻힌 것이다. 럼주를 떨어뜨리면 어른 취향으로 변신한다.

아기 얼굴만 한 크기. 더 큰 것도 있다.

하나만 먹어도 든든하고 재료가 건강하여 아이들을 위한 최고의 간식이다.

Frú Lauga
프루 뢰이가

MAP[14p, B-2]

산지 직송 식료품점

신선하고 맛있는 식품을 제공하고 싶다는 일념으로 아이슬란드인 부부가 2009년에 문을 연 식료품점. 당시 아이슬란드에서는 개념조차 생소했던 산지 직송 방식을 도입했다. 슬로우 푸드 문화가 아이슬란드에 침투되면서 현지인들에게 사랑받는 가게로 성장했다.

농가에서 직접 주문한 채소, 꽃, 유제품, 고기는 물론 해외에서 수입한 신선한 올리브오일, 초콜릿, 파스타 등을 취급한다. 채소와 고기에 윤기가 흐르고 맛도 훌륭하다. 그밖에 아이슬란드산 티와 지열 빵(크베라브뢰이드), 초콜릿, 바닷소금 등 선물용으로 좋은 상품들이 많다.

농가에서 직송된 싱싱한 장미도 있다.

선물용으로 좋은 아이슬란드 이끼 차, 바닷소금 등이 진열된 선반.

바구니에 가득 담긴 동그란 마늘과 반질반질한 토마토.

📍 Óðinsgata 1, 101 Reykjavík (오딘스가타점)
☎ (354) 534-7185 http://www.frulauga.is
⊙ 11:00~18:00, 일요일 및 일부 공휴일 휴무
◎ 뢰이가라이쿠르점도 있다.

슈퍼마켓에서는 찾아보기 힘든 유기농 스키르와 우유도 있다.

아이슬란드의
슈퍼마켓 정보

물가가 비싼 아이슬란드에서 매일 외식하기란 경제적으로 부담스러운 일이다. 가끔은 현지의 슈퍼마켓에서 끼니를 해결하는 것도 좋은 방법이다.

아이슬란드에는 슈퍼마켓 체인점이 대단히 많다. 시골로 가면 숫자는 급격히 줄어들지만, 레이캬비크와 주변 여섯 개 도시를 아우른 수도권에는 어디로 가야 할지 고민될 정도로 다양한 슈퍼마켓이 있다. 현지인들은 각자 선호하는 곳이 있는데 개인적으로는 크로난을 애용한다. 널찍한 가게에서 여유롭게 장을 볼 수 있고 유기농 식재료가 풍부하며, 신선하고 맛있는 초밥을 파는 데다가 가격도 저렴하기 때문이다.

크로난의 채소 & 과일 코너. 중앙 안내판에는 계절별 제철 채소가 표시되어 있다.

Bónus 보누스

기본적인 식재료와 일상용품을 갖춘 저가형 슈퍼마켓. 채소와 과일은 그다지 신선하지 않은 것도 있으므로 잘 살펴보자. 도심에 두 개의 점포가 있어서 접근이 편리하다.

Krónan 크로난

구색이 다양하고 널찍한 서민적인 슈퍼마켓. 특히 고기, 생선, 건강식품의 종류가 많다. 도심에서 조금 떨어진 곳에 위치하여 차가 없으면 가기 불편하다는 것이 단점이다.

Viðir 비디르

신선한 과일과 채소를 취급하는 슈퍼마켓. 저가형 슈퍼마켓보다 약간 비싸지만 품질 대비 적당한 가격이라 현지인의 팬이 점점 증가하고 있다.

Nettó 네토

아이슬란드 제2의 도시 아쿠레이리(116p)에서 생겨난 서민적인 슈퍼마켓. 레이캬비크에서 점포 수가 늘고 있다. 식료품 외에도 실, 카드, 보드게임 등을 판매한다.

Hagkaup 하그쾨입

다른 슈퍼마켓과는 뚜렷하게 차별화되는 종합 슈퍼마켓. 식품은 물론, 화장품, 의류, 실 등 다양한 상품을 취급한다. 식품류의 가격은 비싼 편이다. 24시간 영업하는 점포도 있다.

10-11 티우 엘레푸

아이슬란드에서 가장 비싸다고 소문난 슈퍼마켓. 시내 중심부에 점포가 하나 있어서 접근하기는 편리하나, 근처에 저렴한 슈퍼마켓이 있다면 다른 곳을 이용하는 편이 이득이다.

크로난에서 살 수 있는 기념품 리스트

초콜릿 웨하스에 코코넛 플레이크를 뿌린
'아이디 비타르'(196ISK/고우).

Súkkuladi 수쿨라디(초콜릿)

초콜릿 종류가 매우 다양하고 아무거나 집어도 맛있는 편
이다. 그중에서도 기념품으로 사기 좋은 것은 판초코와
코코넛 플레이크가 뿌려진 아이디 비타르와 아이슬란드
인이 사랑하는 라크리스(한방에 사용되는 생약 감초로 만
든 고무 식감의 과자)를 넣은 드뢰이무르다. 라크리스는
우리나라 사람들에게 생소한 맛이지만 초콜릿을 입힌 제
품은 먹기 쉬운 편이니 기념으로 사보는 것도 괜찮다.

라크리스가 들어간 초콜릿 '드뢰이무
르'(288ISK/프레이유).

동그란 모양의 라크리스 맛 초콜
릿 '라크리스'(228ISK/노아).

Hardfiskur 하르드피스쿠르

대구와 해덕대구를 말린 건조식품이다. 별다른 첨가물을 넣지
않아 단백질이 풍부한 건강 간식이다. 미용 효과가 탁월한 지
방산 오메가 3도 함유되어 있다. 아이슬란드에서는 과자의 일
종으로 즐기며 버터를 찍어 먹으면 한결 부드럽다.

1920년에 창업한 제조회사 노이 시리우스
(Nói Sírius)의 판초코(각 254ISK). 건포도와
오렌지 필이 들어간 것, 견과류가 들어간 것
등 종류가 다양하다.

제조사가 달라도 맛은 비슷하다
(1,347ISK/하르드피스크살란).

한랭하고 건조한 기후는 생선을 말리
기에 최적의 조건이다. 바람이 강해서
파리가 잘 달라붙지 않는다.

Reyktur Lax
레이크투르 락스(훈제 연어)

아이슬란드산 연어를 훈제하여 밀
봉 포장한 것으로 기름이 한껏 올라
무척 맛있다. 얇게 저민 것부터 큰
덩어리까지 크기도 다양하다. 아이
슬란드에서는 애피타이저나 뷔페
메뉴로 자주 나온다. 공항 내 면세
점에서도 구입할 수 있다.

기념품으로 적합한 작은 사이즈도 있다
(796ISK/레이크홀라르).

켁스 호스텔(95p)의 라운지는 현지인에게도 인기 있는 장소다.

레이캬비크의 다양한 숙소

레이캬비크 시내에는 디자이너스 아파트, 호텔, 호스텔 등 여러 종류의 숙박 시설이 있다. 성수기(5~9월) 숙박 요금은 깜짝 놀랄 만큼 비싸며 그조차도 금방 만실이 되므로 예약을 서두르는 편이 좋다.

가장 경제적인 방법은 호스텔에서 도미토리를 나눠 쓰는 것이지만, 대부분의 호스텔에 프라이빗 룸도 있으니 상황에 맞게 선택하자. 때로는 슈퍼마켓에서 사온 현지 재료로 공동 부엌에서 취식하는 것도 색다른 경험이다. 같은 곳에 머무는 사람들이 모이는 장소이니 자연스레 여행 친구가 생길지도 모른다.

스케줄, 위치, 예산에 따라 숙소에 변화를 주면 여행의 또 다른 즐거움을 얻을 수 있다.

호텔과 호스텔은 시내 중심에 모여 있다.

로프트 호스텔의 바. 여기서 콘서트와 미니 벼룩시장도 열린다.

부엌에는 기본적인 도구들이 갖춰져 있으니
식재료만 준비하자.

호스텔
픽토그램도
개성적이다.

Mengi Apartments
멘기 아파트

©Matthias Arni Matthíasson

볼키의 담요를 비롯한 아이슬란드 아티스트의 작품들이 곳곳에 장식되어 있다.

피곤한 몸으로 돌아와서 아이슬란드 포크 송을 들으면 저절로 힐링되는 기분이다.

101 지구에서 현지인 생활 체험

2014년에 오픈한 디자이너스 아파트로 레이캬비크에서 활동하는 뮤지션과 디자이너들이 공동으로 운영한다. 각종 가게, 레스토랑, 카페가 즐비한 101 지구에 있어 주말 밤에도 부담 없이 외출할 수 있다.

지하와 2층에 최대 4인이 이용할 수 있는 원 베드룸이 있고, 1층에 최대 6인까지 이용 가능한 투 베드룸이 있어서 친구나 가족끼리 투숙하기에 좋다. 운영자 중 한 명인 볼키(205p)의 톡톡 튀는 쿠션과 담요가 깔끔하고 세련된 인테리어에 포인트를 준다. 각 층에 주방이 완비되어 있으니 밖에서 사 온 재료로 다 같이 요리하는 시간을 즐겨보자.

◎ 이벤트 공간 멘기(69p)도 같은 주인들이 운영하고 있다. 아파트 안의 작품 중에는 이곳에서 직접 판매하는 것도 있으니 마음에 드는 물건이 있다면 직원에게 문의하자.

©Matthias Arni Matthíasson

디자인 잡지에 나올 법한 세련된 다이닝 룸.

📍 Frakkastígur 14a, 101 Reykjavík ☎ (354) 896-1988
http://www.mengi-apartments.com
🛏 한 층에 €99~, 조식 없음 / 총 3층
◎ 한 층에 4~6인, 세 팀까지 숙박 가능

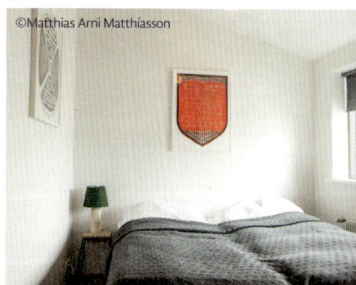
©Matthias Arni Matthíasson

깔끔한 침실. 역시 아이슬란드인 아티스트의 작품이 걸려 있다.

🔑 Kex Hostel
켁스 호스텔

해피 아워 중인 라운지. 아이슬란드 수제 맥주도 맛볼 수 있다.

모든 것이 완비된 고급스러운 호스텔

낡은 비스킷 공장을 개조한 호스텔로 입구에서 계단을 올라가면 제일 먼저 넓은 바와 라운지가 눈에 들어온다. 해피 아워를 즐기는 현지인, 커피를 마시며 여행 계획을 세우는 투숙객들로 북적인다. 홀로 여행하는 관광객의 모습이 보이면 한 손에 맥주를 들고 가볍게 말을 걸어보는 것도 좋은 방법이다. 즐거운 인연이 생길지도 모른다.

도미토리와 프라이빗 룸이 있으며 청소를 깔끔하게 해 아주 쾌적하다. 부엌은 물론 세탁실, 여행자를 위한 인포메이션 데스크, 회의실, 미용실까지 갖춰져 있다. 레이캬비크에서 쾌적한 시간을 보내고 싶다면 이곳을 추천한다.

투숙객이 아니어도 먹을 수 있는 햄버거는 인기 만점이다.

유기농 수제 잼과 아이슬란드산 치즈, 신선한 빵이 마련된 조식 뷔페.

인더스트리얼 분위기의 깔끔한 도미토리 룸.

비스킷 공장이었을 무렵의 사진.

📍 Skúlagata 28, 101 Reykjavík ☎ (354) 561-6060
http://www.kexhostel.is
🛏 3,500ISK~(도미토리에 침구 지참 시), 조식 1,450ISK / 총 43실
◎ 싱글, 더블, 패밀리, 도미토리 룸이 있다.

Guesthouse Sunna
게스트하우스 순나

MAP[14p, C-2]

아파트형 룸은 부엌이 딸려 있고 쾌적하다.

청결한 게스트하우스

할그림스키르캬 교회 바로 옆에 위치한 게스트하우스. 프런트 데스크에는 24시간 직원이 상주하며 매일 아침 조식을 제공해 호텔에 버금가는 서비스를 받을 수 있다.

통상적인 싱글 룸과 더블 룸은 물론이고 아파트형, 스튜디오형, 화장실을 공동으로 이용하는 저가형 등 룸 타입이 다양하다. 공동부엌도 있어 취식이 가능하다.

전체적으로 무척 깨끗하고 직원이 친절하여 만족도가 높다. 성수기에도 비교적 양심적인 가격을 책정하여 지인에게 안심하고 추천하는 곳이다.

시리얼, 빵, 샐러드 등 간단한 뷔페식 조식을 제공한다.

주차 공간이 협소하니 이용 시 미리 상의할 것.

📍 Þórsgata 26, 101 Reykjavik ☎ (354) 511-5570
http://www.sunna.is
🛏 싱글 12,700ISK~, 더블 16,300ISK~, 모두 조식 포함 / 총 54실

🔓 Loft Hostel
로프트 호스텔

MAP[14p, B-2]

뢰이가베구르 거리에 인접한 프라이빗 룸(4인실).

도심에 위치한 인기 호스텔

2013년 뢰이가베구르 거리에 생긴 신규 호스텔이다. 호스텔 바는 현지인에게도 인기 있는 스폿이다. 여름에는 많은 사람들이 옥상 테라스에 모여 차가운 맥주를 마신다. 콘서트나 예술 관련 행사를 자주 개최해서 문화 행사의 발신지 역할도 한다.

📍Bankastræti 7, 101 Reykjavík ☎ (354) 553-8140
http://www.lofthostel.is
🛏 도미토리 €25.04~, 프라이빗 룸 €76.48~, 조식 1,550ISK / 총 19실
◎ 도미토리 6인실 & 8인실(여성 전용 방 있음), 프라이빗 룸 1~5인실

공용 부엌에는 기본적인 조미료가 준비되어 있다.

🔓 Reykjavík Downtown Hostel
레이캬비크 다운타운 호스텔

MAP[14p, A-1]

거리의 소음에서 적당히 떨어진 호스텔

함보르가라 불란(83p)이 있는 레이캬비크 올드 하버 근처의 호스텔이다. 미술관, 레스토랑, 주말 벼룩시장인 콜라포르티드 등이 도보권 내에 위치하지만, 소란스러운 중심부에서는 떨어져 있어서 주말 저녁에도 조용한 편이다. 환경 보호 의식이 높아 2010년 친환경 호스텔로 에코 인증을 받았다.

◎ 최저가는 비수기 가격이다. 국제 유스호스텔 연맹(Hosteling International)에 가맹된 로프트 호스텔이나 레이캬비크 다운타운 호스텔을 이용할 때는 한국에서 미리 유스호스텔 회원 가입을 해두자. 회원이 아닐 경우 숙박 요금이 조금 비싸진다.

에어웨이브(196p) 기간에 특히 추천하는 곳. 방을 함께 쓰는 사람들과 이야기가 무르익는 공간.

영화 시사회 등이 열리는 로비.

📍Vesturgata 17, 101 Reykjavik ☎ (354) 553-8120
http://www.hostel.is/Hostels/Reykjavikdowntown/
🛏 도미토리 €24.36~, 프라이빗 룸 €66.33~,
     조식 1,550ISK / 총 21실
◎ 도미토리 4인실 & 10인실(여성 전용 방 있음)

2

Heimsók tíl fallegrar náttúru

The Natural Spot

아이슬란드 여행의 백미,
아름다운 자연으로 떠나자!

감동의 대지,
Emotional Landscapes

저녁노을에 황금빛으로 물든 서부 피오르. 비행기에서 내려다본 모습.

••• **아이슬란드의 절경 체험!**

비요크의 곡 〈요가(Joga)〉에 'Emotional Landscapes'라는 가사가 등장한다. 아이슬란드의 풍경은 그야 말로 감수성을 자극하는 힘이 있다. 서부 피오르의 이사프요르두르(154p)에서 레이캬비크로 돌아오는 비행기 안, 해 질 무렵 광활한 피오르와 황금빛으로 반짝이는 바다를 내려다보며 가슴이 벅차오르지 않 는 사람이 몇이나 될까? 자동차 여행 중에 스치듯 마주치는 풍경, 밤하늘에 흔들흔들 물결치는 오로라. 아이슬란드는 평생 잊지 못할 아름다운 순간들을 만날 수 있는 곳이다. 마음을 새하얗게 비우고 자연의 아름다움을 만끽하고 싶다면 아이슬란드의 절경으로 떠나보자.

남부 아이슬란드에는 푸른 잔디, 검은 해안, 빙하 등 아름다운 경치가 속속 나타난다.

도로를 달리다가 마주친 양 떼.
양이 길가에서 갑자기 뛰어들
수 있으므로 서행해야 한다.

크로우베리 수확 철은 8월에서 9월 중순. 지나가다 발견하면 그 자리에서 맛보자.

원래 외래종이었던 루피너스. 지금은 아이슬란드 여름 풍경에 빼놓을 수 없는 꽃이다.

색이 여러 겹으로 층층이 쌓인 풍경. 스나이펠스네스 반도에서.

지구의 에너지가 넘쳐흐르는 국립공원

Þingvellir National Park 싱벨리르 국립공원

MAP[168p 위, A-1·2]

알만나가우는 남북으로 7.7km에 달하는 싱벨리르 공원 최대의 가우

공원 입구에 들어서면 마치 영화의 한 장면처럼 높이 치솟은 용암 절벽이 웅장하게 펼쳐진다. 해저 산맥(대서양 중앙 해령)이 땅 위로 노출된 진풍경과 대지의 갈라진 틈 갸우(Gjá)를 볼 수 있는 곳으로 유명하다. 북미 대륙판과 유라시아 대륙판 위에 걸쳐 있는 아이슬란드의 해저에서는 끊임없이 새로운 용암이 축적되어 매년 2~3cm씩 국토가 동서쪽으로 벌어지고 있다.

골든 서클이란?

유네스코 세계 유산에 등재된 싱벨리르 국립공원, 거대한 간헐천을 볼 수 있는 게이시르, 박진감 넘치는 굴포스 폭포를 중심으로 한 아이슬란드에서 꼭 가봐야 할 관광 루트. 일반적으로 레이캬비크에서 출발하는 투어 (9,500ISK~)나 렌터카를 이용한다.

'돈'이라는 뜻을 가진 페닝가가우는 아이슬란드판 트레비 분수다. 소원을 빌며 동전을 던져보자.

예전에 알싱기가 열렸던 로그베르그 (법의 암석).

욕사라우르포스가 떨어지는 강. 과거에 죄인 처형장으로 사용되었다.

🚗 레이캬비크에서 1번 국도를 타고 북쪽으로 올라가 모스펠스바이르(Mosfellsbær)를 지난 후 로터리의 첫 번째 출구에서 36번 국도로 빠져나간다(약 45분).
✅ 방문자 센터 있음 / 인포메이션 센터 있음 / 화장실 있음 (유료 200ISK)
◎ 인포메이션 센터 안에 카페테리아가 있다. 공원 내 캠핑장(6/1~9/1) 이용은 이곳에서 신청한다. http://www.thingvellir.is ⏰ 9:00~20:00(동절기 ~17:00)

아이슬란드 최대의 호수인 싱발라바튼 근처에 전망대가 있다.

단풍 시즌에는 공원 일대가 알록달록한 빛깔로 물든다.

≋TOUR

지구의 갈라진 틈에서 다이빙을!

공원 내 다이빙 명소인 실프라에서 다이빙과 스노클링을 체험할 수 있다. 수년간 빙하가 녹아 흘러든 물속에서 100m 앞까지 내다보이는 깨끗하고 투명한 세계를 경험해보자. 수온은 연간 2~4℃. 다이빙은 C카드 소지자 대상.

©Dive.is

DIVE.IS 다이브 푼투르 이스
☎ (354) 578-6200
http://www.dive.is http://www.facebook/dive.is/
🆂 다이빙(6~8시간) 39,990ISK~, 스노클링(4~5시간) 16,990ISK~

ION Luxury Adventure Hotel
이온 럭셔리 어드벤처 호텔

MAP[168p 위, B-1]

환상적인 시간을 만끽할 수 있는 럭셔리 호텔

2013년 리모델링한 이후 해외 디자인 어워드에서 수차례 수상한 디자이너스 호텔. 지열발전소 외에는 주변에 아무것도 없어서 밤이 되면 새카만 암흑에 둘러싸이는 최고의 오로라 관측지다. 특히 부대시설인 노던 라이츠 바가 압권이다. 디럭스 룸이 이어진 건물 끝에서 문을 열고 들어서는 순간, 커다란 창문과 높은 천장으로 연출된 탁 트인 공간이 눈에 들어온다. 밤에는 부드러운 조명이 밝혀지면서 로맨틱한 분위기로 변신한다. 노천 풀(수영복 착용)에서는 깨끗한 자연을 조망하며 환상적인 시간을 만끽할 수 있다.

좋아하는 책을 들고 가서 느긋하게 읽고 싶은 분위기, 노던 라이츠 바.

(위) 노천 풀 외에도 마사지와 피부 관리를 받을 수 있는 스파 시설이 갖춰져 있다.
(아래) 인근 농가에서 들여온 식재료로 만든 슬로우 푸드를 즐길 수 있다.

주변 경관과 어우러지는 모던한 호텔. 아이슬란드인에게도 로망이다.

🚗 레이캬비크에서 동쪽으로 435번 국도를 타고 간다(약 50분).
📍 Nesjavellir við Þingvallavatn, 801 Selfoss
☎ (354) 482-3415
🔗 http://ioniceland.is
🛏 싱글 32,000ISK~, 더블 36,000ISK~, 조식 2,300ISK / 총 43실

107

지구가 참았던 숨을 토해내는 순간, 기다리던 관광객들의 환호성이 터져 나온다.

지구의 숨결을 느끼다!
Geysir 게이시르

MAP[168p 위, A-2]

뜨거운 물기둥이 10~20m, 때로는 40m까지 힘차게 솟구치는 모습을 눈앞에서 볼 수 있는 역동적인 간헐천. 현재 활발히 활동하고 있는 곳은 스트로쿠르(Strokkur) 간헐천이다. 명소의 대표 이름이 된 게이시르 간헐천은 과거에 60~70m까지 솟구쳤다고 한다. 간혹 휴식기가 있다.

분출 간격은 약 4~8분으로 마치 지구가 숨을 쉬는 듯 수면이 오르락내리락한다. 풍향에 따라 물이 튀는 곳도 있으니 주의하자.

수면이 위아래로 움직이는 모습은 지구의 심호흡처럼 느껴진다.

© Luisbuiro | Dreamstime.com

🚗 싱벨리르 국립공원에서 365번 국도를 타고 동쪽으로 주행하다가 뢰이가르바튼 호수를 지나서 37번 국도를 따라간다(약 50분).

✔ 기념품점 있음 / 화장실 있음

◎ 기념품점 안에 카페테리아가 있다. 하절기 9:00~22:00(9월 ~20:00), 동절기 10:00~18:00(변경될 수 있음)

음이온을 대방출하는 황금 폭포
Gullfoss 굴포스

MAP[168p 위, A-2]

아이슬란드의 수많은 폭포 중에서 가장 유명하고 사랑받는 곳은 바로 '황금 폭포'라는 이름의 굴포스다. 약 40km 북쪽의 랑요쿨 빙하에서 흘러나온 빙하호가 원천이며 여름에는 무지개와 황금빛으로 반짝이는 모습을, 겨울에는 눈과 얼음으로 뒤덮인 압도적인 자태를 감상할 수 있다.

20세기 초 수력발전소 건설을 계획한 외국인 투자자가 폭포 일대를 매입하려고 했으나, 시골 처녀 시그리두르가 폭포수에 투신하겠다고 호소하여 공사가 중지되었다. 이 폭포는 아이슬란드인의 자연보호 정신을 상징하는 곳이다.

≈FOOD

징거미새우를 맛보려면 단연 이곳!
Fjöruborðið 프요루보르디드

MAP[168p 위, B-1]

골든 서클에서 돌아오는 길에 징거미새우 요리를 맛볼 수 있는 추천 맛집이다. 이곳의 간판 메뉴는 마늘과 버터를 넣고 볶은 통통한 징거미새우 소테로 250g, 300g, 400g 중에서 원하는 양을 선택할 수 있다. 함께 나오는 샐러드도 일품이다.

📍 Eyarbraut 3A, 825 Stokkseyri
☎ (354) 483-1550
http://www.fjorubordid.is
🕐 하절기 12:00~21:00, 동절기 16:00~21:00(주말 12:00~), 일부 공휴일 휴무
🚗 레이캬비크에서 1번 국도를 타고 동쪽으로 가다가 39번 국도로 우회전한 후 34, 33번 국도를 따라간다(약 50분).

입이 다물어지지 않는 맛. 손으로 쥐고 호쾌하게 먹어보자.

용암층 위에서 하얀 물보라를 일으키며
2단으로(높이 32m) 떨어져 내린다.

🚌 게이시르에서 동쪽으로 35번 국도를 따라간다(약 10분).
✔ 기념품점 있음 / 화장실 있음
◎ 기념품점 안에 카페테리아가 있다. ⏱ 9:00~21:30(동절기 10:00~18:00),
　양고기 수프(쿄트수파) 추천 1,950ISK
◎ 겨울에는 산책로가 동결되므로 폭포 가까이 접근할 수 없다.

아이슬란드에서 영적인 힘을 얻을 수 있는 곳!

Snæfellsnes 스나이펠스네스 반도

MAP[168p 아래]

아이슬란드 북서부 바다로 길쭉하게 튀어나온 반
도. 스나이펠스요쿨 빙하는 쥘 베른의 소설 《지구
속 여행》에서 지구의 중심으로 들어가는 입구로 묘
사되었고, 영화 〈잃어버린 세계를 찾아서〉의 촬영
지로도 유명하다. 또한, 이 빙하 부근에서 UFO를
목격했다는 이야기도 심심찮게 들린다.

특히 스나이펠스네스 반도에서 가볼 만한 곳은 아
르나르스타피다. 옛날에 항구로 번화했던 작은 만
에서 산책로를 따라 걷다 보면 자연이 형성한 기이
한 바위들을 곳곳에서 발견할 수 있다. 이곳은 극제
비갈매기를 비롯한 들새들의 낙원이라 새를 구경
하는 재미도 쏠쏠하다. 반도 북부의 스티키스홀무
르에서 시작하는 보트 투어도 놓치지 말자.

🚗 레이캬비크에서 1번 국도를 타고 보르가르네스(Borgarnes)
　　까지 올라간 후 54번 국도로 좌회전한다(약 2시간).
◎ 보르가르네스를 지나면 편의 시설이 드물어지니 식당이나
　　화장실 등은 미리 다녀오는 것이 좋다.
◎ 극제비갈매기는 여름에 아이슬란드에서 번식하기 때문에
　　방어 본능이 강하다. 둥지에 다가가면 공격하니 주의하자.

물결 하나 없는 잔잔한 호수가 마치 거울 같다.

스나이펠스요쿨 빙하. 눈에 뒤덮여 모습이 드러나지 않을 때도 많다.
©Arnaldur Halldorsson

≋TOUR

바이킹 스시 어드벤처

스티키스홀무르 주변에 떠 있는 작은 섬을 순회하며 들새를 구경하는 보트 투어. 하이라이트는 그물로 잡아 올린 싱싱한 가리비와 성게를 선상에서 맛보는 것! 겨울에는 몹시 추우므로 여름에 도전해보자.

시행사: Seatours ☎ (354)433-2254 http://www.seatours.is
Ⓢ 어른 7,090ISK, 학생(16~20세) 3,545ISK

(왼쪽) 깎아지른 듯한 현무암 주상절리.
(오른쪽) 자연이 형성한 돌바위 다리.

FOOD

해안 카페
Fjöruhúsið 프요루후시드

MAP[168p 아래]

크림을
듬뿍 올린
코코아
(600ISK).

📍 356 Snæfellsbær
☎ (354) 435-6844
🕐 하절기 한정(5~10월)
　10:00~22:00,
　일부 공휴일 휴무

산책하다가 피곤해지면 바다가 보이는 테라스 자리에서 잠시 휴식을 취하자.

HOTEL

공주님이 된 듯한 기분을 만끽할 수 있는 컨트리 호텔
Hotel Búðir 호텔 부디르

MAP[168p 아래]

동화 속에 나올 듯한 소녀 방.

스나이펠스네스 반도는 당일치기로도 충분히 다녀올 수 있지만, 이곳의 신비로운 분위기를 조금이라도 더 만끽하고 싶다면 낭만적인 호텔 부디르를 추천한다.

📍 365 Snæfellsnes ☎ (354) 435-6700
http://www.hotelbudir.is
🛏 싱글 22,880ISK~, 더블 24,960ISK~, 조식 포함 / 총 28실

호텔 바로 옆 교회에서는 결혼식이 자주 열린다.

북부 여행의 거점 도시
Akureyri 아쿠레이리

MAP[169p, B-1]

도심에 있는 아쿠레이리 교회는 마을의
랜드마크 타워.

북부 여행의 거점인 아이슬란드 제2의 도시 아쿠레이리는 인구 약 18,000명 규모의 소도시이지만 아이슬란드의 작은 농어촌과 비교하면 상당히 번화한 곳이다. 아이슬란드에서 가장 긴 피오르인 에이야프요르두르의 끄트머리에 위치하며 주변에는 넓은 낙농지대가 펼쳐져 있다. 구드욘 사무엘손(207p)이 디자인한 언덕 위의 아쿠레이리 교회를 둘러본 후 도보로 15분 정도 걸리는 브리뉴 이스에서 소프트아이스크림을 먹어보자.

레이캬비크에서 렌터카로 가기에는 거리가 먼 편이지만 창문 너머의 풍경이 아름다워 지루하지 않다. 배경음악은 시규어 로스의 노래가 딱!

아쿠레이리로 가는 길, 협곡에 자리한 농가. 그들의 삶을 상상해본다.

아쿠레이리의 빨간 신호는
모두 하트 모양!

🚗 레이캬비크에서 1번 국도를 타고 북쪽으로간다(약 5시간).
✈ 레이캬비크에서 국내선으로 약 45분이 소요된다.
✅ 인포메이션 센터 있음
◎ 인포메이션 센터 ⊘ 8:00~17:00(6/15~9/1 8:00~18:30), 일부 공휴일 휴무
http://www.visitakureyri.is

아쿠레이리 도심. 레이캬비크와 마찬가지로 거리 곳곳에 그라피티가 있다.

전 세계 배낭여행자가 모여드는 곳
Akureyri Backpackers 아쿠레이리 백패커스

MAP[169p 위]

기본적인 물품이 갖춰진
깔끔한 프라이빗 룸.

아쿠레이리의 중심가 하프나르스트라이티에 위치한 호텔. 1층에는 세련된 카페가 있다. 남녀별 도미토리, 프라이빗 룸, 패밀리 룸은 물론 공동 부엌, 샤워실, 사우나까지 완비되어 있다. 꼼꼼히 관리해주는 덕분에 청결하고 쾌적하게 지낼 수 있다.

📍 Hafnarstræti 98, 600 Akureyri ☎ (354) 571-9050
http://www.akureyribackpackers.com
🛏 도미토리 3,000ISK~, 프라이빗 룸 9,500ISK~,
　　조식 1,125ISK(사전 예약 시) / 총 24실

인근 라이브 하우스에 출연하는 아티스트가 호스텔 앞에서 즉석 공연을 하고 있다.

아이슬란드 No.1 소프트아이스크림
Brynju Ís 브리뉴 이스

MAP[169p 위]

아이슬란드에서 가장 맛있다고 소문난 아이스크림 가게다. 생크림 대신 우유를 사용해 단맛을 절제했으며 뒷맛도 상큼하다. 아이스크림 강국에서 현지인들의 열렬한 사랑을 받는 비결은 예부터 전해져 오는 심플한 맛 때문이다.

📍 Aðalstræti 3, 600 Akureyri ☎ (354) 462-4478
🕐 하절기 9:00~23:30, 동절기 11:00~23:00, 일부 공휴일 휴무

컵(소) 440ISK.
취향에 따라
캐러멜이나
초콜릿 시럽을
뿌린다.

벽 전면에 그려진 소프트아이스크림을 보고 찾아가자.

인기 맛집이니 예약하고 가는 편이 좋다.

아이슬란드풍 초밥을 맛보려면?
RUB23 루브23

MAP[169p 위]

아이슬란드의 신선한 해산물과 고기에 특제 소스를 발라서 구운 그릴 요리를 주로 판매한다. 초밥도 맛있기로 정평이 나 있으니 오리지널 스시 피자(2,190ISK, 디너 2,690ISK)를 꼭 먹어보자. 달콤한 소스와 아삭한 튀김의 식감이 예술이다.

📍 Kaupvangsstræti 6, 600 Akureyri
☎ (354) 462-2223 http://www.rub23.is
🕐 11:30~14:00, 17:30~22:00(금·토요일~23:00),
　 일부 공휴일 휴무(주말은 런치 휴식)

징거미새우 튀김과 밥을 소고기 카르파치오로 돌돌 만 서프 & 터프가 일품.

현지인으로 북적이는 인기 바
Götubarinn 교투바린

MAP[169p 위]

아쿠레이리에서 나이트라이프를 즐기고 싶다면 이곳을 추천한다. 맥주 종류가 다양하고 매력적인 바텐더들을 만날 수 있다

📍 Hafnarstræti 96, 600 Akureyri ☎ (354) 462-4747
🕐 17:00~익일 1:00, 금·토요일 17:00~익일 4:00, 일부 공휴일 휴무

작은 마을이라 이곳에 모여드는 현지인들은 대부분 지인 사이.

고래를 만날 수 있는 사랑스러운 항구 마을
Húsavík 후사비크

MAP[169p 아래, A-2]

아이슬란드에서 손꼽히는 고래 투어 명소로 인구 약 2,400명 규모의 작은 마을 항구에 고래 투어용 보트들이 줄지어 정박해 있다. 마을 전경이 내려다보이는 고지대에서 귀여운 아이슬란드 조랑말을 볼 수 있으며, 근처의 노란 등대는 여름에 백야를 조망하기에 최적의 장소이다. 눈앞에 새파란 바다가 펼쳐져 그림 같은 풍경을 선사한다.

아쿠레이리에서 후사비크까지 이어진 도로는 폭이 넓어서 해외 운전 초보자도 안심할 수 있다.

🚗 아쿠레이리에서 1번 국도를 따라 동쪽으로 달리다가 85번 국도로 좌회전하여 북쪽으로 올라간다(약 1시간 반). 레이캬비크에서는 약 6시간이 걸린다.

바다를 조망하며 해산물 요리를!
Gamli Baukur 감리 뵈이쿠르

바다를 조망할 수 있는 최고의 위치를 자랑한다.
항구 마을의 레스토랑답게 생선 요리가 일품이
다. 화창한 날에는 테라스에 앉아서 바다를 바라
보며 식사하는 것을 추천한다.

📍 Hafnarstétt 9, 640 Husavik
☎ (354) 464-2442 http://www.gamlibaukur.is
🕐 하절기(6/1~10/1) 11:30~22:00(금·토요일~익일
3:00), 일부 공휴일 휴무, 동절기는 불규칙적임

피시 오브 더 데이(3,100ISK)를 주문하면 현지에서 잡은 싱싱한 생선
요리를 즐길 수 있다.

등대 옆에서 광활한 풍경을 배경으로 한가로이 풀을 뜯는 조랑말.

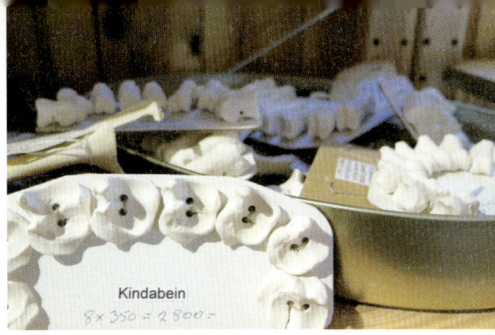

단추 모양으로 세공한 양 이빨.

파란 하늘에 빛나는 노란색 등대.

기념품점에 진열된 소품 대부분은 주민들이 겸업이나 취미로 만든 것.

≋TOUR

고래 투어를 즐기려면?

현재 세 업체에서 투어를 진행한다. 각기 다른 장점이 있으니 스케줄과 예산에 따라 선택하자.

Norðursigling ehf 노스 세일링
아름다운 범선을 타고 항해하는 기분으로 고래를 만날 수 있다.
http://www.northsailing.is ☎ (354) 464-7272

Gentle Giants Hvalaferðir ehf 젠틀 자이언츠
박진감 넘치는 스피드 보트를 타고 고래를 가까이에서 볼 수 있다.
http://www.gentlegiants.is ☎ (354) 464-1500

Sölkusiglingar ehf 살카
가족이 경영하여 세심한 서비스를 제공받을 수 있다.
http://salkawhalewatching.is ☎ (354) 464-3999

©Gentle Giants

자연이 형성한 신비의 협곡
Ásbyrgi 아우스비르기

MAP[169p 아래, B-2]

국토의 14%를 차지하는 바트나요쿨 국립공원 북부의 거대한 협곡이다. 형성 원인은 빙하기에 발생한 빙하호 붕괴 홍수라고 추측된다. 북유럽 신화 최고의 신 오딘이 타던 8족 말의 다리가 지상에 닿을 때 생긴 자국이라는 전설이 있으며, 위에서 내려다보면 말발굽 형상이라고 한다. 하늘에서 커다란 말이 다리를 뻗는 모습을 상상하면 더욱 신비로운 장소처럼 느껴진다.
2006년 이곳에서 시규어 로스의 전설적인 라이브 공연이 열렸고, 다큐멘터리 영화 〈헤이마(Heima)〉에 그 생생한 영상이 담겨 있다.

🚐 후사비크에서 85번 국도를 타고 동쪽으로 간다(약 1시간). 레이캬비크에서 약 6시간 45분이 걸린다.
✅ 방문자 센터 있음 / 화장실 있음
◎ 방문자 센터 ⏲ 하절기 9:00~19:00(6/21~8/10~21:00), 5·9월 10:00~16:00
◎ 캠핑 요금은 방문자 센터에서 지불 ⏲ 캠핑 이용 시기 5/15~9/30

협곡의 가장 끝 쪽에 있는 보츠트요른(Botnstjörn) 호수. 소리치면 메아리가 울린다.

캠핑장과 보츠트요른 사이에 우뚝 솟은 폭 250m의 에이얀(Eyjan) 절벽.

산림이 적은 아이슬란드에서 보기 드문 푸른 협곡.

©GJ-Travel Iceland

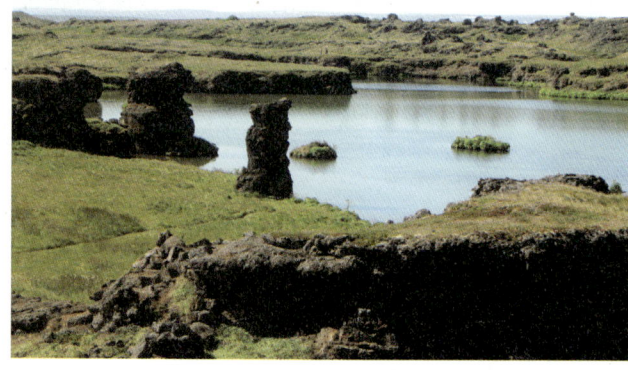

온천이 유입되어 한겨울에도 얼어붙지 않는 호수. 40개 이상의 섬이 떠 있다.

사방에 유황천이 흐르고 분화구가 솟아오른 광경을 보며 화산의 나라에 왔음을 실감한다.

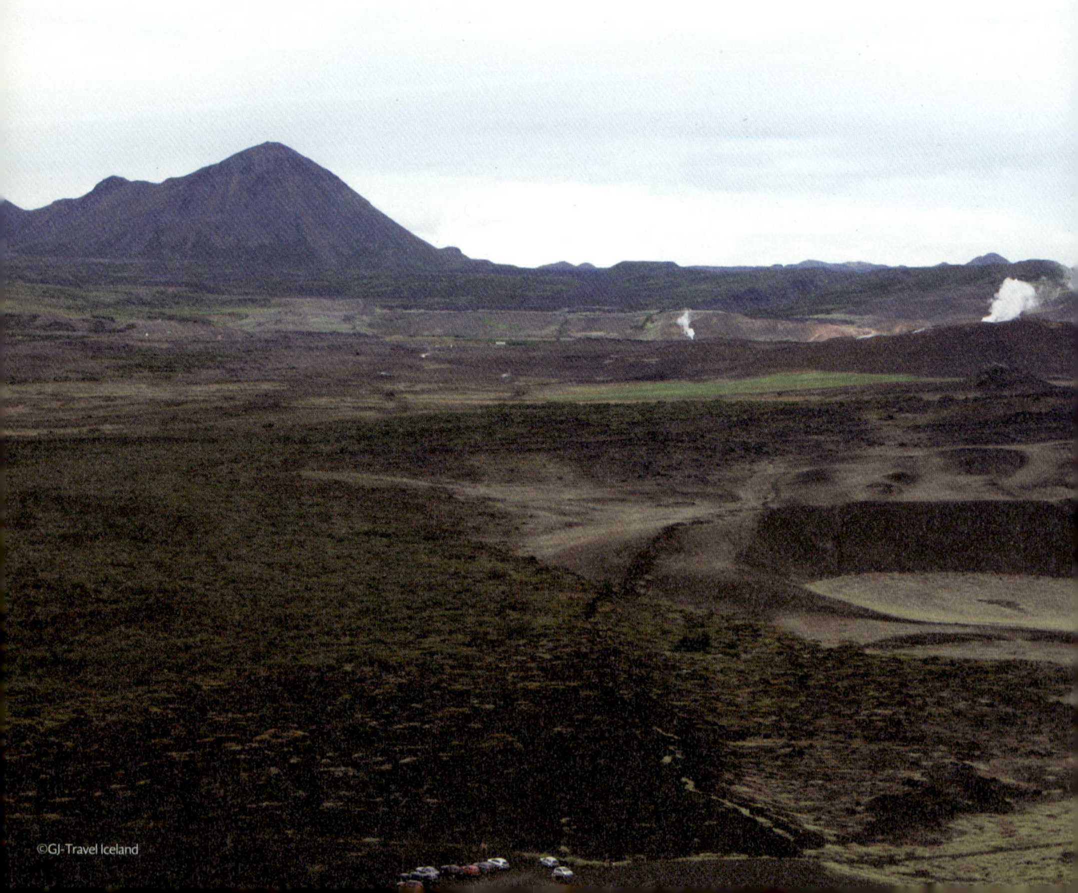

©GJ-Travel Iceland

Mývatn 미바튼

MAP[169p 아래, B-2]

수증기 폭발로 생긴 분화구가 산재한 아이슬란드의 대표적인 활화산 지대. 1975년부터 1984년까지 아홉 차례 분화했다. 아이슬란드에서 네 번째로 큰 미바튼 호수(37km², 평균 수심 2.5m)는 새들의 보물 창고이자 들새 관찰지로 유명하다. 아이슬란드어로 '모기 호수'라는 뜻을 가진 이곳은 6~9월 중순까지 호수 주변에 모기붙이가 떼를 형성하여 기승을 부린다. 물지는 않지만 방심하면 입속으로 들어오기 때문에 그물망이 달린 모자를 가져가는 것이 좋다.

🚗 후사비크에서 87번 국도를 타고 내려가면 약 40분, 아쿠레이리에서 1번 국도를 타고 동쪽으로 달리면 약 1시간 15분 소요된다. 도중에 고다포스를 지난다.
✅ 인포메이션 센터 있음 / 화장실 있음
◎ 인포메이션 센터 ⏰ 하절기 7:30~18:00, 5·9월 9:00~16:00, 10~12월 9:00~12:00
http://www.visitmyvatn.is

호수 북동쪽에 위치한 화산호 비티까지 하이킹도 가능하다. 짙은 청록색 호수에 빨려 들어갈 듯한 느낌이 든다.

©GJ-Travel Iceland

Námaskarð 나우마스카르드

MAP[169p 아래, B-2]

미바튼 호수에서 북쪽으로 1번 국도를 따라가면 활발한 화산 활동을 가까이에서 볼 수 있는 곳에 도착한다. 나우마스카르드 또는 크베라뢴드(Hverarönd)라고 불리며 주변이 온통 유황 냄새로 자욱하다. 적갈색 대지와 부글부글 끓는 잿빛 머드 온천 등 색의 대비가 뚜렷하여 어디를 찍어도 작품 사진이 나온다. 고온 지대이므로 견학 시에는 주의가 필요하다.

달의 표면처럼 풀 한 포기 없는 불모지가 나타난다.

수증기를 뿜어내는 분화구에서 유황 냄새가 물씬 풍긴다.

지표면 온도가 100℃를 넘는 곳도 있으니 반드시 산책로를 따라 걸어야 한다.

푸른 호수 바로 옆에 정반대의 황량한 풍경이 펼쳐진다.

Dimmuborgir 딤무보르기르

MAP[169p 아래, B-2]

미바튼 호수 동쪽의 미로처럼 생긴 괴암 지대. 딤무보르기르는 '암흑의 거리'라는 뜻으로, 아침 태양이 떠오를 때까지 축제를 벌이던 트롤이 햇빛에 녹아 암석으로 변했다는 전설과 아이슬란드에서 악명 높은 산타클로스 일가의 집이라는 이야기가 전해진다. '교회(Kirkjan)'라는 이름의 거대한 구멍이 뚫린 용암까지 걸어가는 1시간 코스, 10분 코스 등 여러 산책 코스가 있다.

전설에 따르면 이승과 저승을 연결하는 문이라고 한다.

©GJ-Travel iceland

◎ 카피 보르기르(Kaffi Borgir)에 기념품점과 화장실이 있다. ⏰ 하절기 10:00~21:30, 동절기는 불규칙적임
☎ (354) 698-6810 http://www.kaffiborgir.is

세계 최북단 노천 풀
Jarð böð in við Mývatn 야르드보딘 / 미바튼 네이처 배스

MAP[169p 아래, B-2]

2004년에 오픈한 미바튼 네이처 배스. 따뜻한 물속에 몸을 담그고 있으면 여행의 피로가 눈 녹듯이 사라진다. 블루 라군(176p)보다 규모는 작지만, 푸른빛을 띠는 유백색 담수 덕분에 피부가 민감한 사람들도 안심하고 이용할 수 있다. 사우나, 카페테리아, 화장실까지 완비되어 있다.

©GJ-Travel Iceland

밤늦게까지 영업하여 온천에서 오로라를 관측하려는 사람들로 성황을 이룬다.

조식 및
음료를
즐길 수 있는
카페테리아.

🚗 미바튼 호수 근처의 레이캬흘리드(Reykjahlíð)에서 1번 국도를 타고 동쪽으로 가다가 약 2.7km 전방 T자로에서 우회전하여 비포장도로를 따라 내려온다.

📍 Jarðbaðshólar, 660 Mývatn ☎ (354) 464-4411 http://www.jardbodin.is

☎ 하절기 9:00~24:00, 동절기 12:00~22:00(입장은 30분 전까지)

♨ 어른: 6~8월 3,700ISK, 9~12월 3,200ISK, 1~5월 3,000ISK
어린이(12~15세): 6~8월 1,300ISK, 9~12월 1,100ISK, 1~5월 1,000ISK

◎ 대여 가능(수건 700ISK, 수영복 700ISK, 목욕가운 1,500ISK)

◎ 학생 할인 있음

할리우드 대작 영화의 무대
Dettifoss 데티포스

MAP[169p 아래, B-2]

SF영화 〈프로메테우스〉의 오프닝에 등장하는 폭 100m, 낙차 45m 규모의 우윳빛 폭포로 유럽에서 가장 파워풀한 폭포라는 별명을 가지고 있다. 바트나요쿨 빙하에서 흘러든 요쿨스아우 강(아이슬란드에서 두 번째로 긴 강, 206km)이 원천이며, 눈과 귀를 자극하는 압도적인 경관에 숨이 턱 막힌다. 차로 1시간 반 거리에 떨어진 고다포스는 그 아름다움에 'The Beauty(미녀)'라고 불리는 반면, 데티포스는 맹렬한 힘 때문에 'The Beast(야수)'라고 불린다. 폭포의 동쪽과 서쪽 기슭에서 조망할 수 있으며 각기 다른 드라마틱한 얼굴을 보여준다.

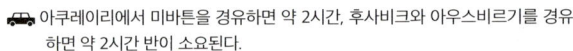 아쿠레이리에서 미바튼을 경유하면 약 2시간, 후사비크와 아우스비르기를 경유하면 약 2시간 반이 소요된다.
✔ 화장실(동쪽 기슭) 있음
◎ 폭포로 가는 길에 안전 펜스가 없고 바닥이 미끄러우니 주의하자!

동쪽이 접근하기 쉬우며 사진 찍는 사람들에게도 인기가 높다.

Sudurland
남부 아이슬란드

폭포 뒤에서 바라보는 풍경은?

Seljalandsfoss 셀야란즈포스

MAP[170p, B-1]

폭포 바로 뒤쪽에 들어가는 이색 체험을 할 수 있는 곳이다. 약 60m 높이에서 세차게 떨어지는 물줄기 뒤에서 끝없이 펼쳐진 지평선을 바라보면 마치 다른 세계에 와 있는 듯한 착각에 빠진다.

서향이라 날씨가 맑은 오후에는 햇빛이 반사되어 눈부시게 빛나며, 특히 해 질 무렵 폭포 뒤에서 바라보는 오렌지빛 풍경이 장관이다. 신비로운 분위기 때문인지 이곳에서 결혼식을 올리는 커플도 있다. 근처에는 세 개의 빙하에 둘러싸인 푸른 협곡 소르스묘르크(자연보호구역)가 있다. 이곳은 하이킹 마니아들에게 인기가 높다.

🚗 레이캬비크에서 1번 국도를 타고 동쪽으로 가다가 249번 국도에서 좌회전한다(약 1시간 40분).

✔ 화장실 있음

폭포 뒤로 이어진 산책로는 물이 많이 튀지만 기분은 상쾌하다.

폭포 뒤는 바닥이 미끄러우니 주의하자.

무지개가 자주 뜨는 높은 폭포
Skógafoss 스코가포스

MAP[170p, B-1]

스코가아우 강(Skogaá)의 스무 개가 넘는 폭포 중 최하류에 위치한 폭포로 셀야란즈포스와 남부 마을 비크의 중간 지점에 있다. 폭 25m, 낙차 60m에 달하여 아이슬란드의 수많은 폭포 중에서도 웅장한 규모를 자랑하며, 아름다운 무지개가 자주 나타나는 것이 특징이다. 옆에 설치된 계단을 끝까지 올라가면 폭포를 위에서 내려다볼 수 있다. 터프 하우스로 유명한 스코가르 박물관(222p)도 여기에서 가깝다.

1번 국도 길가의 거대한 암석 드랑구르. 엘프의 집이라는 전설이 내려온다.

🚗 레이캬비크에서 1번 국도를 따라 동쪽으로 가다가 스코가르 (Skógar) 마을 방면으로 좌회전한다(약 2시간).
✔ 화장실 있음

캠핑장에서 폭포 소리를 들으며 하룻밤
머무는 것도 특별한 경험이다.

남부 아이슬란드 여행의 쉬어가는 곳
Vík í Mýrdal 비크 이 미르달(통칭 비크)

MAP[170p, B-1]

남부 아이슬란드에서 비교적 큰 마을인 비크에는 레스토랑, 게스트하우스, 호텔이 모여 있고 약 350명이 거주한다. 언덕 위 교회 주변에 루피너스 꽃밭이 있어서 여름이면 온통 아름다운 보랏빛으로 물든다. 마을 서쪽의 레이니스크베르피에는 블랙 비치가 있다. 반질반질한 모래사장을 걸어가면 현무암 주상절리로 둘러싸인 거대한 동굴이 나온다. 간조 때만 가까이 갈 수 있으니 타이밍이 맞으면 들러보자. 바닷속에서 불쑥 튀어나온 66m 높이의 용암 기둥 레이니스드란가르(141p)가 잘 보인다.

블랙 비치에서 아치형 곶 디르홀레이를 조망할 수 있다.

🚗 레이캬비크에서 1번 국도를 따라 동쪽으로 약 2시간 반이 소요된다.

용암이 차가운 바닷물에 닿으면서 급격히 냉각되어
독특한 모양의 동굴이 형성되었다.

레이니스크베르피(Reynishverfi)는 비크 주변에서 가장 빼어난 명소.

가족이 경영하는 가정집 같은 호텔
Hotel Katla 호텔 카틀라

MAP[170p, B-1]

원래 농장이었던 곳을 선대가 개조하여 온정이 묻어나는 컨트리 호텔로 탈바꿈했다. 야외에 널찍한 온수풀이 마련되어 저녁 식사 후 느긋하게 몸을 담그면 그야말로 지상낙원. 겨울에는 주변이 칠흑처럼 캄캄해져서 오로라를 관측하기에 최적의 환경이다. 운이 좋으면 온천을 즐기다가 오로라를 볼 수 있을지도!

📍 Höfðabrekka, 871 Vík
☎ (354) 487-1208
http://hotelkatla.is
🛏 싱글 13,500ISK~, 더블 16,500ISK~,
　　조식 포함 / 총 72실

빨간 지붕의 단층집 여섯 채가 띄엄띄엄 떨어져 있다.

디너 뷔페에서 셰프가 정성껏 고기를 손질하여 나눠준다.

온수풀에서 한 손에 맥주를 들고 하늘을 올려다보면 세상을 다 가진 듯한 기분.

호텔에서 차로 약 5분 떨어진 곳에서 촬영한 오로라. 별똥별이 보이는 날도 있다.

트롤이 햇빛에 녹아 돌로 변했다는 전설이 내려오는 레이니스드란가르(Reynisdrangar) ©Ragnar Th. Sigurdsson

이끼의 미로 속을 헤매다
Eldhraun 엘드흐뢰인

MAP[170p, B-2]

용암 대지가 국토의 약 80%를 차지한다.

보들보들 부드러운 이끼가 약 565km²나 되는 용암 대지를 뒤덮고 있다. 남부 아이슬란드의 아름다운 풍경들 중에서도 개인적으로 가장 좋아하는 곳이다. 지금은 평화로운 모습이 여행객을 반기지만 1783년부터 1784년까지 8개월간 대규모 분화가 일어나 '불꽃 용암(Eldhraun)'이라는 이름이 붙여졌다. 아이슬란드 최대의 비극이라 할 수 있는 이 폭발로 가축의 절반이 죽고 인구의 20%가 사망했다.

이곳에서 산책하면 마치 이끼의 미로 속을 헤매고 있는 느낌이 든다. 이끼는 아주 연약해서 한번 훼손되면 원상 복구될 때까지 오랜 세월이 걸린다. 너무 세게 밟아서 뭉개지지 않도록 주의하자.

🚗 레이캬비크에서 1번 국도를 타고 동쪽으로 약 3시간 달리다가 키르큐바이야르클뢰이스투르(Kirkjub-æjarklaustur) 마을에 도착하면 204번 국도를 따라 조금 내려간다.

아름다운 얼룩말 무늬
Svínafellsjökull 스비나펠스요쿨 빙하

MAP[170p, A-2]

유럽 최대의 빙하 바트나요쿨(Vatnajökull) 남서쪽에 위치한 빙하설의 하나. 하얀 빙하에 까만 화산재가 박히면서 얼룩말 무늬가 생겼다. 캠핑장과 방문자 센터가 있는 스카프타펠을 지나서 스비나펠스요쿨베구르(비포장도로)를 따라가면 빙하를 내려다볼 수 있는 절경 스폿이 나온다. 화창한 날 귀를 기울이면 햇살에 얼음이 녹으면서 이루 말하기 힘든 환상적인 음색이 들린다. 단, 바닥이 미끄러우니 주의하자.

기온에 따라 녹았다가 얼었다가 반복하는 빙하. 매일 색다른 모습을 보여준다.

산악 가이드와 동행하는 빙하 트레킹을 신청하면 빙하 위를 걸어볼 수 있다.

≈CENTER

Skaftafell Visitor Center
스카프타펠 방문자 센터

하이킹 루트나 관광 명소 관련 정보를 얻을 때 유용하다. 민간 여행사의 사무실이 있어서 빙하 트레킹, 빙벽 등반 투어도 신청할 수 있다. 5~9월은 아이슬란드 최대 규모의 캠핑장(샤워실, 세탁기, 와이파이 완비)을 개장하며 6월 중순~8월 중순은 공원 관리실에서 주관하는 하이킹 투어가 열린다.

📍 Skaftafell, 785 Öraefi
☎ (354) 470-8300
🕐 5~9월 9:00~19:00, 2·3·4·10·11월 10:00~17:00, 12·1월 11:00~16:00, 일부 공휴일 휴무

🚗 비크에서 1번 국도를 타고 동쪽으로 약 1시간 45분이 소요된다.

원근감이 느껴지지 않는 스펙터클함
Fjallsárlón 퍌살론

MAP[170p, A-2]

바트나요쿨 빙하의 남쪽에 위치한 빙하호. 산속에서 떠밀려 내려온
듯이 불거진 빙하에서 얼음들이 떨어져 나와 흘러가는 모습을 볼
수 있다. 호수 끝에 치솟은 요라이파요쿨은 표고 2,110m로 아이슬
란드에서 가장 높으며, 지금까지 두 번 분화한 적 있는 최대 규모의
활화산이다. 워낙 스펙터클한 장관이라 원근감이 느껴지지 않고 빙
하의 크기가 가늠이 안 된다.

보트 투어에 참여하면 크고 작은 얼음덩어리를 가까이서 볼 수 있다.

🚗 비크에서 1번 국도를 따라 동쪽으로 달리다가 팔살론 로드
(Fjallsárlón Road)로 좌회전한다(약 2시간).

비현실적인 경이로움!
Jökulsárlón
요쿨살론

MAP[170p, A-2]

남부 아이슬란드의 하이라이트인 바
트나요쿨 빙하의 남쪽에 위치한 빙
하호이다. 푸른빛을 띤 얼음덩어리가
호수 곳곳에 떠 있는 풍경을 처음 본
사람들은 자연이 빚어낸 경이로운
색채에 입을 다물지 못한다. 다리 서
쪽에 있는 언덕은 빙하호의 전경을
카메라에 담을 수 있는 최고의 포토
스폿이다. 동쪽 주차장 부근에는 빙
하호 보트 투어 매표소, 화장실, 카페
가 있다. 보트 투어를 하다가 운이 좋
으면 얼음 위에서 쉬고 있는 귀여운
바다표범을 가까이에서 볼 수 있다.
빙하호와 바다가 만난 해안가에는
모래사장으로 떠밀려 올라온 빙하의
파편들이 햇빛에 반짝여서 멋진 사
진을 담을 수 있다.

🚗 비크에서 1번 국도를 따라 동쪽으로 약 2시
간 15분이 소요된다.
◎ 글레이셔 라군 카페 있음 ⊙ 9:00~19:00, 일
부 공휴일 휴무

오랜 세월 동안 압축된 얼음은 투명도가 높아 푸른빛을 반사한다. Stock photo © xenotar

≋ **TOUR**

얼음 동굴 투어

빙하 밑을 통과하는 얼음 동굴 투어. 수백 년간 눈이 축적되어 만들어진 순도 높은 얼음은 태양의 청색광만 투과시키기 때문에 동굴 안에서는 얼음이 파란색으로 보인다. 빙하가 계속 움직여 붕괴될 위험이 있으므로 투어는 기온이 낮은 11~3월에만 진행한다. 경험이 풍부한 가이드가 안내하는 투어인지 꼭 확인하자.

© Surangaw | Dreamstime.com

방수 및 방한복 지참(헬멧, 피켈은 대여 가능).

보트 투어에서 1천 년 전의 얼음을 맛보는 이색 체험을 할 수 있다.

파도에 쓸려 모서리가 둥그
레진 돌. 손에 쥐고 있으면
마음이 차분해진다.

요쿨살론에서 바다로 떠내려간 후 거친 파도에
휩쓸려 모래사장에 올라온 얼음덩어리.

≋TOUR

요쿨살론 보트 투어

요쿨살론을 놀이공원처럼 즐길 수 있는 추천 투어다.

http://icelagoon.is
☎ (354) 478-2222
⏱ 6~8월 9:00~19:00, 4·5·9·10월 10:00~17:00

보트 투어의
수륙양용차.
이 차를 타고 빙하호로
미끄러지듯이
들어간다.

Amphibian Boat Tour
수륙양용차를 타고 영어로 설명을 들으면서 약 30~40분간 순회한다. 인
원이 차는 즉시 출발한다.
🆂🅺 어른 4,500 ISK, 6~12세 1,000 ISK, 0~5세 무료

Zodiac Tour
모터보트를 타고 빙하 가까이에 접근하는 스릴 만점 투어. 약 1시간 소요
되며 운행 스케줄이 짜여 있다.
🆂🅺 어른 7,500 ISK, 6~12세 3,750 ISK

우표의 모델이 된
여덟 개의 등대

한때 120명이 거주했던 플라테이 섬의 등대. 현재는 거주민이 없다.

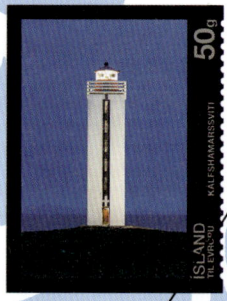

Kálfshamarsviti
카울프스하마르스비티

아이슬란드를 대표하는 건축가 구드욘 사무엘손이 다른 등대용으로 설계한 것이 기초가 되었다. 현무암 주상절리가 밀집된 장소에 있어서 아름다운 직선 구조가 한층 눈에 띈다.

스티키스홀무르의 높은 언덕에 서 있는 등대. 브레이다프요르두르에 떠 있는 섬이 보인다.

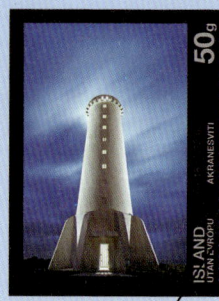

Akranesviti
아크라네스비티

레이캬비크의 교외 마을 아크라네스에 위치한다. 등대 안이 개방되어 사진과 그림을 전시하는 공간으로도 쓰인다.

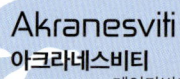

Reykjavík

Engeyjarviti
엔게이야르비티

레이캬비크 앞바다인 콜라프요르두르 만에 떠 있는 엔게이 섬 등대로 밤하늘과 등대의 색이 멋지게 어우러진다. 개인적으로 가장 좋아하는 곳이다.

Dyrhólaeyjarviti
디르홀레이야르비티

남부 마을 비크에 있는 등대. 아이슬란드 최초의 유인(有人) 등대이며 외관이 작은 성처럼 생겼다. 당시 등대지기의 생활을 상상하게 된다.

어업 강국인 아이슬란드에 등대는 없어서는 안 될 존재였다. 아이슬란드에는 100개 이상의 등대가 섬을 수호하듯 빙 둘러싸고 있다. 우표의 모델이 된 여덟 개의 등대와 추천할 만한 세 개의 등대를 소개한다. 우표는 아이슬란드의 우체국에서 구입할 수 있으니 다이어리에 붙여서 추억으로 간직해보자.

아이슬란드 최북단에 위치한 19m 높이의 흐뢰인하프나르탄기.
©Regina Ragnarsdóttir

Langanesviti
란가네스비티

북동부의 란가네스 반도에 있는 등대. 1910년에 세워진 이후 몇 번의 개축을 거쳐 1950년에 현재의 모습이 완성되었다. 하얀 원통형 몸과 빨간색 모자가 마치 동화 속에 나오는 그림처럼 사랑스럽다.

Vattarnesviti
바타르네스비티

동부의 레이다르프요르두르에 있는 등대. 아이슬란드의 청명한 하늘과 바다에 비치는 선명한 오렌지색 원형 탑이 인상적이다.

Stokksnesviti
스토크스네스비티

남동부 해안가의 어촌 효픈에 위치한 등대. 가늘고 긴 삼각형 모양이며 옆에는 예전에 NATO가 사용했던 레이더 탑이 있다.

Skarðsfjöruviti
스카르즈프요루비티

남부 마을 키르큐바이야르크뢰이스투르에 있는 철골 등대. 레이더 탐지기, GPS, 기상관측장치가 설치되어 항공국과 기상청에도 중요한 존재이다.

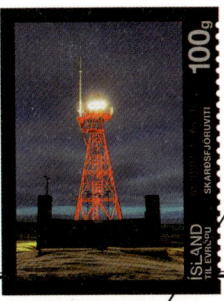

서부 피오르의 문화 도시
Ísafjördur 이사프요르두르

MAP[171p]

아이슬란드의 북서부에 위치한 서부 피오르. 이 지역에서 가장 큰 마을은 어업과 관광업이 활성화된 이사프요르두르로, 맛있는 빵집, 해산물 레스토랑, 호텔 등이 즐비하다. 레이캬비크에서 렌터카로도 올 수 있는 거리지만 비행기로 이동하는 것을 추천한다. 착륙할 때 피오르 사이를 누비듯이 빠져나가며 숨 막히는 풍경을 만끽할 수 있기 때문이다. 여름에는 자연 그대로의 아름다운 피오르 절경이 360도 펼쳐진다. 또한, 이사프요르두르 출신의 인기 뮤지션 무기손(Mugison)이 주최하는 음악 페스티벌 알드레이 포르 예그 수두르(200p)의 공연장도 이곳에 있다.

이사프요르두르의 전경을 한눈에 내려다볼 수 있는 쿠비(Kubbi) 산에서.

경사진 언덕 위에서. 여름에는 루피너스 꽃이 만발하여 온통 보랏빛으로 물든다.

©Visit Westfjords

항구에서 비구르 섬과 자연보호
구역인 호른스트란디르행 보트
투어가 출발한다.

🚐 레이캬비크에서 북쪽으로 가다가 보르가르네스를 지
난 후 60번 국도를 타고 계속 올라간다. 61번 국도 홀
마비크(Hólmavík) 방면으로 우회전한다(약 5시간
반). 동절기에는 길이 얼어붙고 일부 구간이 폐쇄된다.
✈ 레이캬비크 공항에서 약 40분이 소요된다.
✔ 인포메이션 센터 있음
◎ 인포메이션 센터 ⏱ 8:00~16:00(하절기~18:00,
하절기 주말 10:00~14:00), 일부 공휴일 휴무
http://www.westfjords.is

항구 마을에서 맛보는 진짜 해산물 요리!
Tjöruhúsið 트요루후시드

MAP[171p 위]

현지인이 맛있다고 입을 모으는 인기 레스토랑이다. 점심때보다는 저녁에 가는 것을 추천한다. 이사프요르두르 항구에서 잡은 신선한 생선 요리를 뷔페식으로 먹을 수 있다. 이곳 생선 요리를 먹으러 이사프요르두르에 가고 싶어질 정도로 훌륭한 맛을 자랑한다.

- 📍 Neðstakaupstaður, 400 Ísafjörður
- ☎ (354) 456-4419
- ⊙ 하절기 및 부활절 12:00~14:00(단품), 18:30~22:00(뷔페)
- ◎ 동절기에는 기본적으로 문을 닫으며 불규칙적으로 영업한다. 10월 이후에는 미리 전화로 확인하자.

저녁에는 눈 깜짝할 사이에 자리가 꽉 차니 예약하는 편이 좋다.

이날의 피시 오브 더 데이는 새끼 가자미 갈릭 소테.

마을 중심 광장에 있는 커다란 빵집. 쉽게 찾을 수 있다.

현지인에게 사랑받는 전통 빵집
Gamla Bakaríið 감라 바카리드

MAP[171p 위]

1871년에 창업한 오래된 빵집. 이사프요르두르의 중심부에 위치하며 갓 구워낸 먹음직스러운 빵이 쇼케이스에 가득하다. 아침 식사나 간식으로 즐겨 먹는 등 이곳 주민들의 일상에서 빼놓을 수 없는 곳이다.

- 📍 Aðalstræti 24, 400 Ísafjörður
- ☎ (354) 456-3226
- ⊙ 7:00~18:00(토요일 및 하절기 일요일~16:00), 일부 공휴일 휴무

복고풍 가게 안에 다양한 종류의 빵이 진열되어 있다.

가정집 분위기의 디자이너스 호텔
Hótel Horn 호텔 호른
MAP[171p 위]

2013년 마을 중심부에 문을 연 호텔이다. 아이슬란드 디자이너가 만든 담요, 쿠션 등으로 실내를 연출했다. 도보 2분 거리의 호텔 이사프요르두르(Hótel Ísafjörður)도 같은 주인이 운영한다. 9월 하순부터 부활절까지는 문을 닫는다.

모던한 인테리어가 사랑스러운 호텔 내 휴식 공간.

바다가 보이는 방도 있다.

📍 Austurvegur 2, 400 Ísafjörður
☎ (354) 456-4611
http://www.hotelhorn.is
🛏 싱글 13,900ISK~,
　　 더블 17,400ISK~,
　　 조식 포함 / 총 24실
◎ 배리어프리 룸과 5인실도 있다.

백사장이 펼쳐진 들새들의 낙원
Holt 홀트

MAP[171p 아래]

눈앞에 피오르 특유의 뾰족한 산이 솟아 있고 에메랄드그린 빛 바다 옆으로 아이슬란드에서 보기 드문 화이트 비치가 펼쳐져 있다. 한밤중 백야의 어렴풋한 빛 속에서 홀로 해변을 거닐고 있으면 몽환적인 기분에 빠져든다. 주변에는 호사북방오리의 번식지가 있어서 오리들의 평온한 울음소리가 배경음악처럼 들려온다. 소중한 가족과 친구들과 함께 방문하면 좋은 곳이다.

베스트퍄르다굥(Vestfjarðagöng)은 총 9,113m.

예전에 부두였던 곳. 지금은 동네 아이들이 바다로 뛰어드는 담력 테스트 장소로 쓰인다.

홀트의 랜드마크
Holtskirkja 홀트스키르캬

1869년에 세워진 이 교회는 목사 집안이 대대로 지켜
오고 있다. 이곳에 부임한 목사는 겸업으로 호사북방
오리(아이더)의 가슴에서 자연적으로 빠지는 솜털을
수집한다. 수집한 솜털은 최고급 오리털 이불의 충전
물로서 해외에 수출된다.

©Fjölnir Ásbjörnsson

©Fjölnir Ásbjörnsson

(위쪽) 주민들이 여우와 갈매기로
부터 지켜주므로 호사북방오리는
사람을 두려워하지 않는다.
(아래쪽) 알을 감싸고 있는 솜털은
폭신폭신하고 따뜻해서 깃털의 보
석이라고 불린다.
(왼쪽) 동화 속 그림 같은 홀트 교
회. 이곳에서 결혼식을 올리는 커
플이 많다.

🚗 이사프요르두르 공항에서 61번 국도를 우회전한 후 베스트
파르다르베구르(Vestfjarðarvegur)로 좌회전한다. 아이슬
란드에서 가장 긴 터널 베스트파르다퐁을 직진해서 발쇼프
스달스베구르(Valþjófsdalsvegur)로 우회전한다.
◎ 터널이 도중에 1차선으로 바뀐다. 이사프요르두르 방면 차량
에 우선권이 있으므로 반대편에서 차가 오면 가까운 대기 공
간에 정차하고 지나갈 때까지 기다려야 한다.

서부 피오르 최고의 카페가 있는 마을
Þingeyri 싱에이리

MAP[171p 아래]

19세기 어업을 중심으로 번영했던 서부 피오르의 가장 오래된 교역지 중 하나다. 이곳에서 덴마크인과 벨기에인 젊은 커플이 운영하는 단독주택 카페를 추천한다. 딘얀디 폭포(164p)로 가는 길이나 이사프요르두르에서 머무는 동안 들러보자. 아이슬란드 조랑말을 타 보는 승마 투어도 할 수 있다.

🚗 홀트에서 60번 국도를 내려오다가 싱에이리에 들어서면 오른쪽 도로변(약 30분). 주유소 N1 바로 옆이 카페다.

광활한 디라프요르두르의 풍경과 양을 곁눈질하며 드라이브해보자.

승마 투어에서는 산간의 산다아우 강을 횡단하거나 해변을 따라 걷는 등 색다른 자연을 만끽할 수 있다.

수제 와플이 일품!
Simbahöllin 심바횰린

벨기에 와플(870ISK).
생크림 &
수제 루바브 잼과
함께.

📍 Fjarðargata 5, 470 Þingeyri
☎ (354) 899-6659 http://www.simbahollin.is
◎ 승마 투어 정보도 있다.
🕐 12:00~18:00(6/16~8/15 10:00~22:00), 일부 공휴일 및 동절기 휴무

갈매기가 날아다니는 여유로운 항구 마을
Flateyri 플라테이리

MAP[171p 아래]

자동차 여행 중 이 표지판을 보면 마을에 도착했다는 안도감이 든다.

2014년에 개봉된 아이슬란드 영화 〈파리스 노르두르신스(París Norðursins)〉의 무대가 된 작은 어촌이다. '북쪽의 파리'라는 영화 제목과는 거리가 먼 여유로운 풍경이 펼쳐진다. 아이슬란드 시골 사람들의 생활을 엿볼 수 있는 곳이다.

🚗 이사프요르두르 공항에서 베스트파르다콩 터널을 빠져나와 첫 번째 길에서 우회전한다(약 20분).

운치 있는 해변의 헌책방
Bókabúðin Flateyri 보카부딘 플라테이리

©Sunna Dís Másdóttir

책상 위에 있는 옛 저울로 요금을 계산한다.

📍 Hafnarstræti, 425 Flateyri
☎ (354) 865-5695
⏱ 기본적으로 11:00~17:00, 일부 공휴일 및 동절기 휴무

서부 피오르의 보석
Dynjandi 딘얀디

MAP[171p 아래]

이사프요르두르에서 60번 국도를 따라 남쪽으로 플라테이리, 홀트, 싱에이리를 통과하면 보이기 시작하는 일곱 개의 폭포 집합체. '산의 폭포'라는 별명을 가진 딘얀디는 100m 높이의 계단형 바위에서 물줄기가 우아하고 세차게 떨어져 내린다.

딘얀디로 가는 도중에 비포장도로로 바뀌고 폭이 좁아지는 구간이 있으므로 렌터카로 갈 때는 각별한 주의가 필요하다. 이사프요르두르에서 출발하는 당일치기 투어를 이용해도 좋다.

🚐 이사프요르두르에서 60번 국도를 따라 남쪽으로 약 1시간 반, 싱에이리에서 약 40분이 소요된다.

✔ 화장실 있음.

◎ 겨울에는 일부 도로가 폐쇄되므로 접근이 불가하다.

자원봉사자들이 만든 산책로가 있어서 위까지 올라갈 수 있다.

©Visit Westfjords

©Visit Westfjords

많은 현지 가이드들이 아이슬란드의 수많은 폭포 중 이곳이 가장 아름답다고 입을 모은다.

오로라를 보려면?

아이슬란드에서는 레이캬비크의 시내 중심부와 그 주변에서도 오로라를 볼 수 있다. 하지만 오로라는 자연 현상이므로 '반드시 보고 말겠어!'보다는 '운이 좋으면 볼 수 있겠지!' 정도의 가벼운 마음가짐을 갖는 편이 바람직하다.

관측하기에 좋은 시기는?

9~4월 중순. 밤이 길고 깜깜해서 잘 보인다.

관측하기에 좋은 날씨는?

밤하늘에 구름이 없고 깨끗한 날. 특히 몹시 추운 날은 공기가 건조하여 구름이 잘 끼지 않으므로 탁 트인 하늘을 볼 수 있다.

관측 시 복장은?

겨울에는 방한용 점퍼와 귀를 덮는 니트 모자, 장갑, 목도리, 두꺼운 양말이 필수. 몸이 추우면 마음의 여유도 없어지므로 철저히 준비해야 한다. 여름에는 하늘이 밝아서 오로라가 보이지 않는다. 빨라도 8월 말 이후에 볼 수 있다.

오로라 예보란?

아이슬란드 기상청이 관리하는 날씨 예보 사이트, en.vedur.is의 ❶상단 메뉴에서 Weather를 클릭한다. ❷좌측 서브 메뉴에서 Aurora forecasts를 클릭한다. 지도상 하얀 구역이 구름 없는 하늘, 즉 오로라를 관측하기에 좋은 장소이다. ❸우측 상단의 숫자를 확인한다. 숫자는 오로라의 출현 가능성을 나타내며 3 이상이면 관측될 확률이 높다. 6일 동안의 예보를 제공하므로 관측이 예상되는 날을 미리 파악할 수 있다.

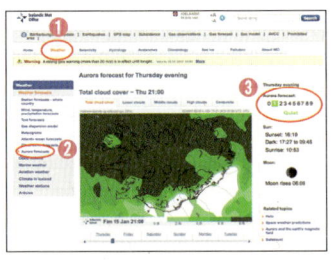

추천하는 관측지는?

레이캬비크 근교에서는 셀탸르나르네스의 그로타(38p)를 추천한다. 현지 투어 회사의 오로라 헌팅 투어를 신청하면 당일 오로라를 관측할 수 있는 장소에 데려다준다. 렌터카가 없는 사람들은 투어를 이용해보자.

스나이펠스네스 반도의 호텔 부디르(115p)에서 본 오로라.

©Finnur Malmquist

골든 서클 주변 MAP

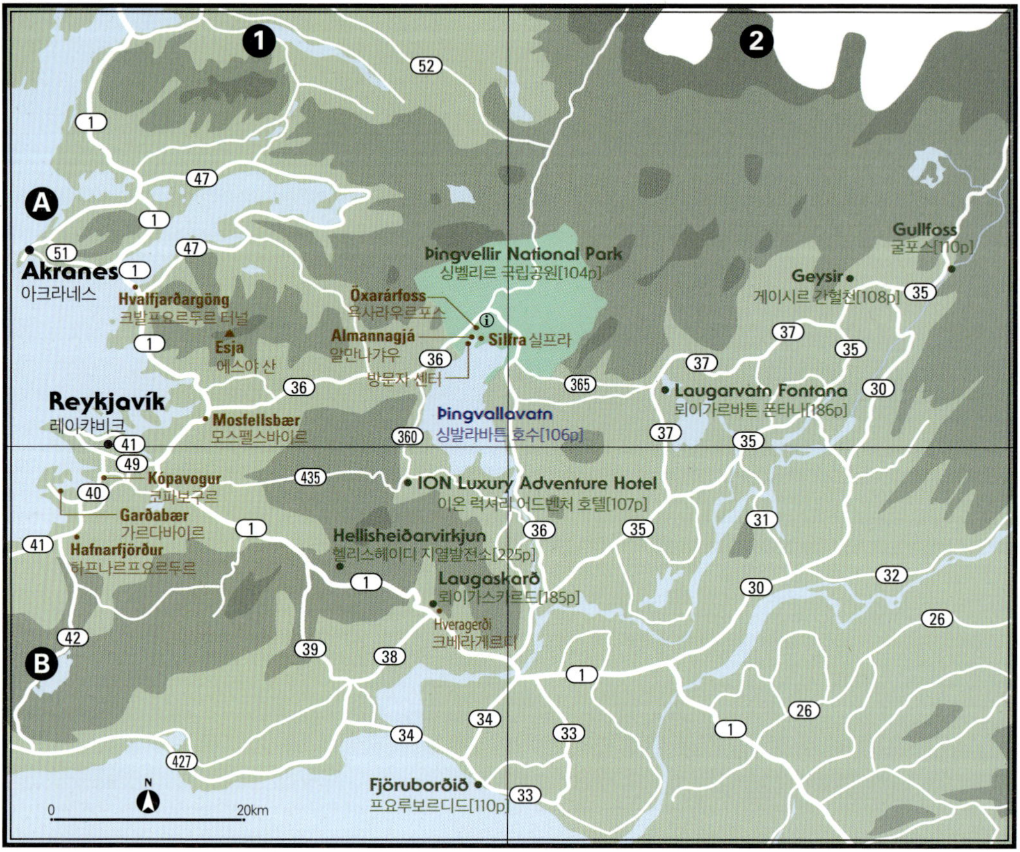

① ②

52

1

47

47

A

51

Akranes
아크라네스

1

Hvalfjarðargöng
크발프요르두르 터널

Þingvellir National Park
싱벨리르 국립공원[104p]

Öxarárfoss
욕사라우르포스

Almannagjá
알만나가우

Silfra 실프라

1

Esja
에스야 산

Reykjavík
레이캬비크

36

365

36

i

Gullfoss
굴포스[110p]

Geysir
게이시르 칸헐천[108p]

35

37

35

37

35

Laugarvatn Fontana
뢰이가르바튼 폰타나[186p]

30

방문자 센터

Mosfellsbær
모스펠스바이르

Þingvallavatn
싱발라바튼 호수[106p]

41

360

37

35

49

Kópavogur
코파보구르

435

ION Luxury Adventure Hotel
이온 럭셔리 어드벤처 호텔[107p]

36

35

31

40

Garðabær
가르다바이르

1

Hellisheiðarvirkjun
헬리스헤이디 지열발전소[225p]

32

41

Hafnarfjörður
하프나르프요르두르

1

Laugaskarð
뢰이가스카르드[185p]

30

26

42

Hveragerði
크베라게르디

B

39

38

1

26

1

34

34

33

1

427

0   20km

N

Fjöruborðið
프요루보르디드[110p]

33

스나이펠스네스 MAP

Breiðafjörður
브레이다프요르두르

Stykkishólmur
스티키스홀무르

54

54

54

Ólafsvík
올라프스비크

54

Grundarfjörður
그룬다르프요르두르

56

55

Snæfellsnes
스나이펠스네스 반도

54

54

Snæfellsjökull
스나이펠스요쿨 빙하[112p]

Búðir
호텔 부디르[115p]

54

Arnarstapi
아르나르스타피

54

Fjöruhúsið
프요루후시드[115p]

N

0   10km

Borgarnes
보르가르네스

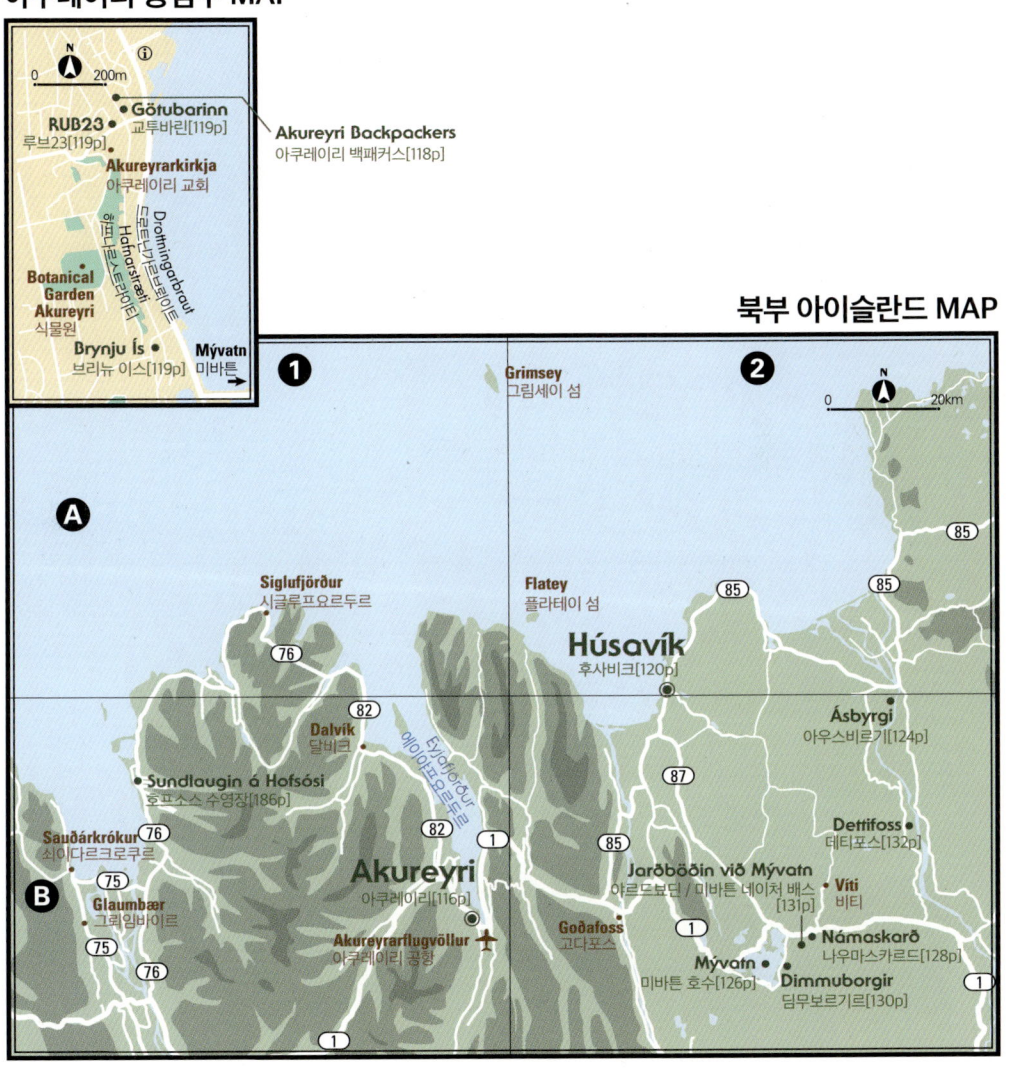

아쿠레이리 중심부 MAP

0 200m

● **Götubarinn**
교투바린[119p]

RUB23
루브23[119p]

Akureyrarkirkja
아쿠레이리 교회

Drottningarbraut
드로트닝가르브라우트
Hafnarstræti
하프나르스트라이티

Botanical Garden Akureyri
식물원

Brynju Ís ●
브리뉴 이스[119p]

Mývatn
미바튼

Akureyri Backpackers
아쿠레이리 백패커스[118p]

북부 아이슬란드 MAP

❶

❷

A

0 20km

Grimsey
그림세이 섬

Siglufjörður
시글루프요르두르

Flatey
플라테이 섬

Húsavík
후사비크[120p]

Ásbyrgi
아우스비르기[124p]

Dalvík
달비크

Eyjafjörður
에이야프요르두르

Sundlaugin á Hofsósi
호프소스 수영장[186p]

Dettifoss
테티포스[132p]

Saudárkrókur
쇠이다르크로쿠르

B

Akureyri
아쿠레이리[116p]

Jarðböðin við Mývatn
야르드뵈딘 / 미바튼 네이처 배스 [131p]

Víti
비티

Glaumbær
그뢰임바이르

Goðafoss
고다포스

Námaskarð
나우마스카르드[128p]

Akureyrarflugvöllur
아쿠레이리 공항

Mývatn
미바튼 호수[126p]

Dimmuborgir
딤무보르기르[130p]

남부 아이슬란드 MAP

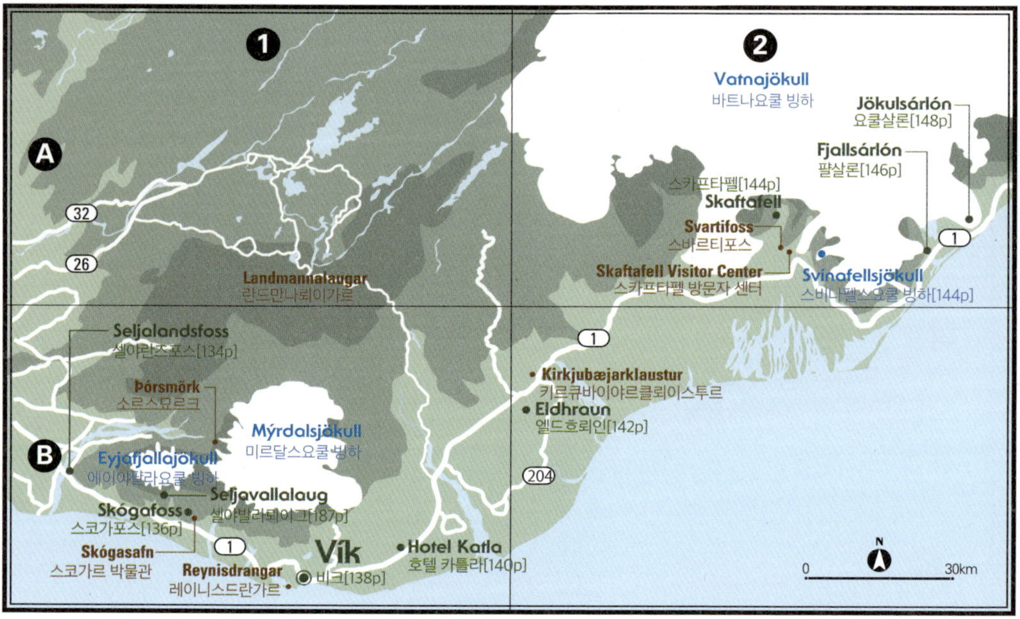

❶

❷

Vatnajökull
바트나요쿨 빙하

Jökulsárlón
요쿨살론[148p]

A

32

26

Fjallsárlón
팔살론[146p]

스카프타펠[144p]
Skaftafell

Svartifoss
스바르티포스

Landmannalaugar
란드만나뢰이가르

Skaftafell Visitor Center
스카프타펠 방문자 센터

1

Svínafellsjökull
스비나펠스요쿨 빙하[144p]

Seljalandsfoss
셀야란즈포스[134p]

1

Kirkjubæjarklaustur
키르큐바이야르클뢰이스투르

Þórsmörk
소르스모르크

Eldhraun
엘드흐뢰인[142p]

Mýrdalsjökull
미르달스요쿨 빙하

B

Eyjafjallajökull
에이야팔라요쿨 빙하

204

Seljavallalaug
셀야발라베이가[187p]

Skógafoss
스코가포스[136p]

1

Vík

Hotel Katla
호텔 카틀라[140p]

Skógasafn
스코가르 박물관

Reynisdrangar
레이니스드란가르

비크[138p]

N

0   30km

Góða Ferð!
좋은 여행이 되길!

홀트의 부둣가로 향하는 길에서.

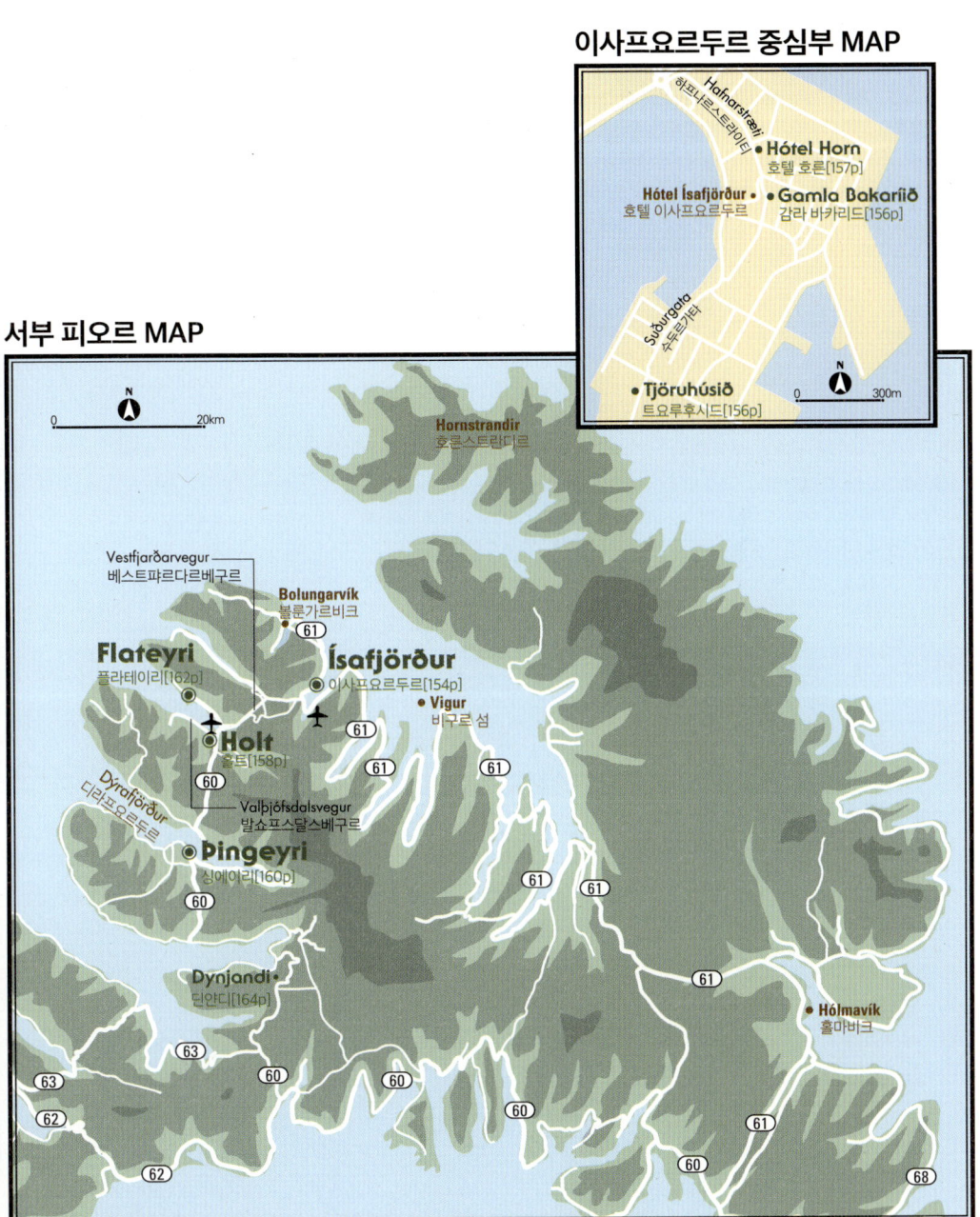

이사프요르두르 중심부 MAP

Hafnarstraeti
하프나르스트라이티

● Hótel Horn
호텔 호른[157p]

Hótel Ísafjörður ●
호텔 이사프요르두르

● Gamla Bakaríð
감라 바카리드[156p]

Suðurgata
수두르가타

● Tjöruhúsið
트요루후시드[156p]

N
0   300m

서부 피오르 MAP

N
0   20km

Hornstrandir
호른스트란디르

Vestfjarðarvegur
베스트퍄르다르베구르

Bolungarvík
볼룽가르비크

61

Flateyri
플라테이리[162p]

Ísafjörður
◎ 이사프요르두르[154p]

Holt
홀트[158p]

● Vigur
비구르 섬

61

61

61

60

Dýrafjörður
디라프요르두르

Valþjófsdalsvegur
발쇼프스달스베구르

Þingeyri
씽에이리[160p]

60

61

61

Dynjandi ●
딘얀디[164p]

61

● Hólmavík
홀마비크

63

63

60

60

62

60

61

62

60

68

171

3 ✕✕✕✕

Jarðhita laug

Iceland Hot Spring

아이슬란드 여행의 필수 코스,
온천을 즐기자

아이슬란드 온천

● ● ● **사람과 사람을 이어주는 따뜻한 소통의 장**

아이슬란드 사람들은 평일, 주말 가릴 것 없이 틈날 때마다 지열 수영장에 다닌다. 아무리 작은 마을이라도 지열 수영장이 없는 곳은 찾아보기 힘들다. 지열로 따뜻해진 온수를 이용하기 때문에 영어로는 Hot spring(온천)이라고 불린다. 참고로 가정에서 사용하는 온수도 지열수라서 평소에 샤워할 때도 유황 냄새가 물씬 풍긴다.

아이슬란드 온천수는 염소로 소독되어 수영복을 입고 들어가므로 일반적으로 상상하는 온천과는 느낌이 다르다. 아이슬란드인은 온천의 효능이나 성분에 관심이 없고 실제로 아는 사람도 드물다. 수도꼭지를 틀기만 하면 온천수가 나오니 그들에게는 평범한 일상인지도 모른다.

온수풀의 온도는 37℃ 전후로 편하게 몸을 담그고 있기에 꼭 알맞다. 매일 같은 시간에 찾아와 어릴 적 친구들과 담소를 나누는 노인들, 퇴근 후 아이들과 함께 휴식을 취하는 가족들, 무언가 비밀을 주고받는 듯한 친구

아이슬란드 전국 공통 온천 마크.

온천에서의 인기 화제는 날씨부터 정치, 종교 문제까지 폭넓다.

들 등 많은 사람들이 모여들어 마치 카페 같기도 하다. 그만큼 아이슬란드인들에게 온천은 귀중한 소통의 장이다.

대부분의 온천에 50m 경기용 풀, 자쿠지가 달린 온수풀(아이슬란드어로 Heitur Pottur), 사우나, 스팀 배스 시설이 있으며 아이들이 좋아하는 워터 슬라이드를 갖춘 곳도 있다. 온천의 시설들을 돌아다니다 보면 손가락이 쪼글쪼글해질 때까지 시간 가는 줄 모르고 오래 머물게 된다. 개인적으로는 몸이 차가워지는 겨울이나 어깨가 결릴 때 혼자서 온천을 찾는다. 다들 몸과 마음이 여유롭기 때문인지 친절하게 말을 걸어오는 사람들이 많아서 도란도란 이야기꽃이 피어난다. 온천에서 나올 무렵에는 몸속부터 따끈따끈하고 재충전된 기분을 느낄 수 있다. 여행의 피로가 눈 녹듯이 사라지고 아이슬란드인의 일상을 들여다볼 수 있는 온천, 아이슬란드에서 머무는 동안 반드시 체험해야 할 필수 코스다.

©Laugarvatn Fontana

온천에 몸을 담그고 나왔다면
사우나에 들어가서 디톡스.

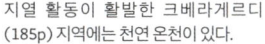
지열 활동이 활발한 크베라게르디
(185p) 지역에는 천연 온천이 있다.

©Laugarvatn Fontana

©www.extremeiceland.is

아이슬란드 온천에서 지켜야 할 매너와 주의점

◆ 탈의실 로커가 잠기지 않는 경우가 있으니 귀중품 보관에 주의하자. 보통 로비에서 맡아준다.

◆ 탈의실에서 옷을 벗은 후 배스타월을 들고 샤워실로 간다(선반에 배스타월을 보관할 수 있다). 비치된 비누로 몸을 깨끗이 씻은 후 수영복을 입는다. 매일 많은 사람들이 출입하는 장소이므로 청결 유지를 위해 개개인의 협력이 필요하다.

◆ 온천에서 나오면 샤워실에서 몸을 씻고 배스타월로 물기를 꼼꼼히 닦아낸 후 탈의실로 이동한다. 제대로 말리지 않고 탈의실로 돌아가면 바닥이 젖어서 미끄러질 위험이 있다.

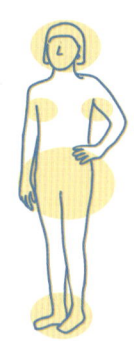
온천에 들어가기 전 깨끗이 씻을 곳. 대부분의 온천에서 똑같은 간판을 볼 수 있다.

눈앞에 가득 펼쳐진 온천 뒤로 지열발전소에서 피어오르는 수증기가 보인다.

Bláa Lónið
블루 라군

MAP[11p]

아이슬란드 속 '환상의 나라'

1976년 스바르츠엔기 지열발전소에서 전기를 생산하고 남은 '부산물'을 이용하여 만든 블루 라군은 지금까지 매년 50만 명 이상이 찾아오는 아이슬란드 최고의 관광지. 온천의 면적이 약 5,000m²에 달하여 한 바퀴 도는 데 20분쯤 소요된다. 현재 확장 공사 중이며 2017년 완공 후에는 온천과 수중 마사지 공간이 확대되고 럭셔리 호텔, 실리카 머드 마사지 체험을 할 수 있는 스킨케어 바 등이 신설될 예정이다. 푸른색이 감도는 우윳빛 온천에서 수증기가 피어오르는 모습이 무척 환상적이다.

컴퓨터 제어로 수온을 37~39℃로 설정하지만 장소에 따라 더 뜨겁거나 미지근한 곳도 있다. 사람들은 자신의 취향에 맞는 쾌적한 장소를 찾기 위해 온천 안에서 여유롭게 돌아다닌다. 또한, 얼굴에 새하얀 크림을 바른 사람들이 많은데 이것은 실리카라고 불리는 미네랄의 일종으로 안티에이징과 피부병 치료에 효과가 있다고 한다. 양손으로 가득 퍼 올려 피부에 바르고 얼마 후 온천수로 씻어내면 피부가 매끈매끈해진다. 참고로 실리카는 피부에는 좋지만 머리카락에 묻으면 퍼석퍼석해지므로 주의하자. 머리를 올려서 가급적 물에 닿지 않도록 하는 편이 좋다.

궁극의 힐링 체험

더욱 특별한 경험을 원한다면 블루 라군의 온천에 둥둥 뜬 채 마사지를 받아보자(사전 예약 필수). 중력에서 해방되어 극도로 편안한 상태에서 받는 마사지는 시차 적응에 도움이 되고 여행의 피로도 싹 풀린다. 그리고 라군 안에 있는 바에서 주문한 스파클링 와인을 마시며 노천욕을 즐기면 천국이 따로 없다.

블루 라군의 온천은 지열로 따뜻해진 해수(전체의 3분의 2)와 담수가 섞여 있어서 염분 농도가 높은 편이다. 피부가 민감한 사람들은 눈 주변이 가려워질 수 있으므로 얼굴은 적시지 않도록 한다. 온천에서 나온 이후에도 건조해지기 쉬우니 보습에 신경 쓰는 것이 좋다. 화장품이 금방 스며들고 피부가 탱탱해지는 빠른 효과를 체험할 수 있다.

블루 라군은 연중 내내 관광객으로 붐빈다. 건물 밖까지 줄을 서거나 입장하지 못하는 경우도 있으니 사전에 홈페이지에서 티켓을 구입하자.

블루 라군에는 실리카 마사지, 소금 마사지, 임산부 마사지 등 스파 프로그램도 잘 갖춰져 있다. 아름다운 우윳빛 온천에 몸을 담그고 있는 것만으로도 충분하지만 흔치 않은 기회이니 스파를 체험해보면 어떨까? 홈페이지에서 코스를 선택하여 이메일이나 전화로 예약하자. 하절기에는 일찍 마감되므로 서둘러야 한다.

라군 내 카페테리아에서는 과자, 음료, 팩에 포장된 초밥 등을 판매한다.

수중 마사지로 행복한 시간을. 마사지는 수영복을 착용한 채 받는다.

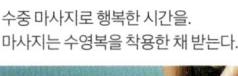

실리카 머드 마스크는 장시간 방치하면 따가워지므로 5~10분 후 씻어내자.

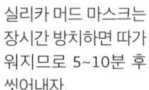

여기서 입구까지 도보로 약 5분. 용암으로 둘러싸인 길을 걸어가자.

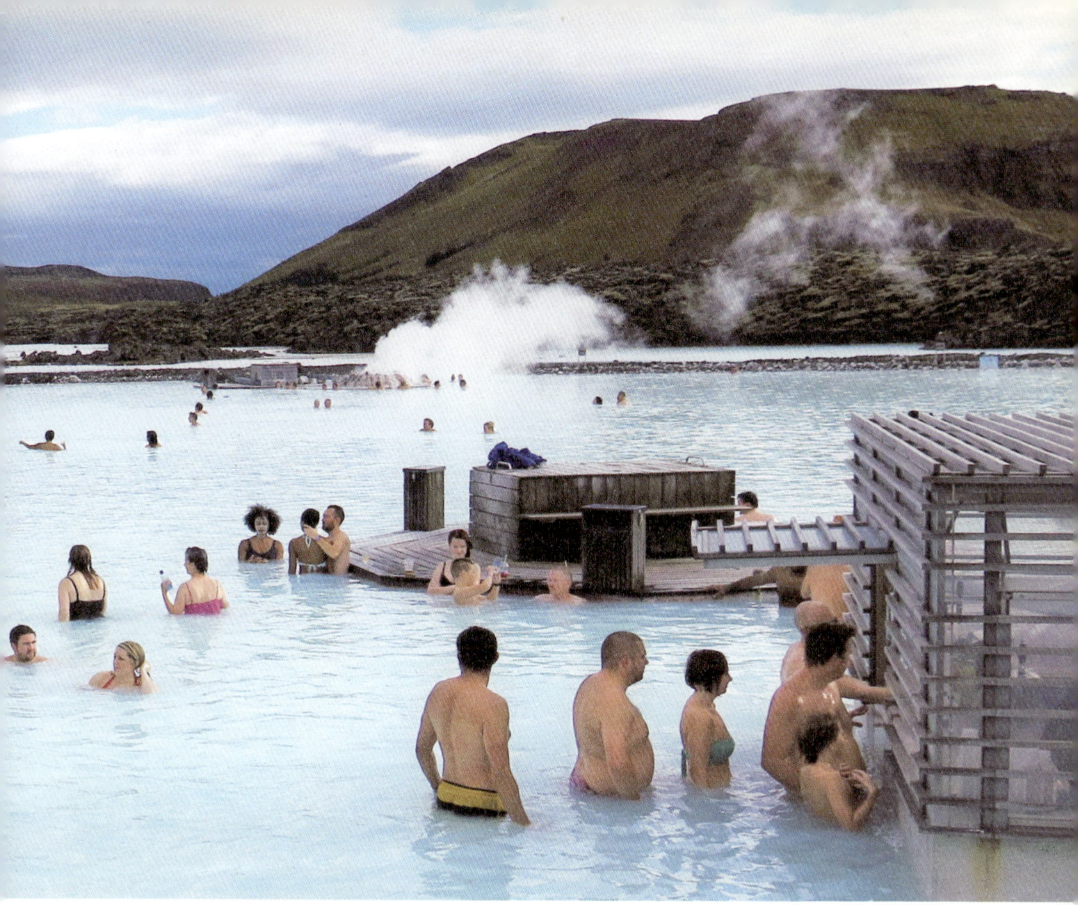

라군 안의 바, 술, 스무디 등을
입장할 때 받은 팔찌로 구입할
수 있다.

(왼쪽) 시설 내 레스토랑 라바(Lava)에서는 아이슬란드산 식재료로 만든 요리를 즐길 수 있다.
(가운데) 2014년 노르딕 셰프 오브 더 이어를 수상한 총괄 셰프의 섬세한 요리.
(오른쪽) 테이블 세팅은 아이슬란드 이끼와 라바(용암).

온천 속에서 오로라를 볼 수 있을지도?

📍 Svartsengi, 240 Grindavík ☎ (354) 420-8800
http://www.bluelagoon.com
🕐 10:00~20:00, 5/22~8/31 8:00~22:00
♨ 어른 €35(하절기 €45), 학생(14~15세) €20, 13세 이하 무료, 견학만 할 경우 €10
◎ 위 금액은 온라인 예약 시 이용료이며 사전 예약하지 않은 경우 €5 추가된다.
◎ 입장료는 변동될 수 있음

블루 라군이 있는 것은 지열발
전소 덕분.

클리닉은 블루 라군 바로 앞길에서
좌회전하여 약 1km 떨어진 곳에 위
치한다.

Blue Lagoon Clinic
블루 라군 클리닉

블루 라군을 독차지하는 법!?

블루 라군에 인접한 스킨 클리닉 겸 호텔. 모
던하고 고급스러운 시설 안에 객실이 단 15
개뿐이라 널찍한 공간을 독차지하는 기분을
맛볼 수 있다(2015년 8월 기준, 확장 공사 후
35실로 확대될 예정). 특히 클리닉 고객과 숙
박객만 이용할 수 있는 프라이빗 라군이 압
권이다. 이용객 수가 제한되어 있어서인지
블루 라군과 똑같은 온천인데도 물이 더욱
깨끗하고 실리카도 부드럽다.

객실 테라스에서는 울퉁불퉁한 용암과 이끼
로 덮인 대지, 스바르츠엔기 지열발전소에서
모락모락 피어오르는 수증기 등 아이슬란드
만의 풍경을 감상할 수 있다. 겨울밤에는 주
변이 어두컴컴해지므로 오로라를 관측하기
에도 제격이다.

클리닉 숙박객은 블루 라군에도 추가 요금
없이 입장할 수 있다. 많은 인파로 북적이는
블루 라군을 만끽한 후 프라이빗 라군에서
조용히 휴식하는 시간이 무척 럭셔리하다.

프라이빗 라군의 푸르고 뽀얀 빛깔은 블루 라군보다 선명하다.

(왼쪽) 창문 너머로 보이는 이끼 대지도 인테리어의 일부.
(오른쪽) 클리닉 내부에는 장애물이 없다.

📍 Svartsengi, 240 Grindavík ☎ (354) 420-8800
http://www.bluelagoon.com/clinic/
🛏 싱글 €190~, 더블 €230~, 조식 포함

◎ 본래 클리닉이므로 부대시설은 카페테리아뿐이다.
   가까운 식당은 블루 라군 안의 Lava Restaurant.

아이슬란드산 기능성 화장품

Made in Iceland

BIOEFFECT

EGF SERUM

Cellular Activating Serum
Restores – Rehydrates – Rejuvenates

€15ml 0.5 FL.OZ.

건조한 겨울의 든든한 지원군
30 Day Treatment(39,000ISK).

Bioeffect 바이오 이펙트

최첨단 에이징케어

피부 세포를 재생시키고 피부의 신진대사를 촉진하는 EGF세럼은 안티에이징 화장품으로 화제가 된 아이템이다. 특히 바이오이펙트의 EGF세럼은 보리에서 배양한 성분이 들어간 획기적인 제품으로 아이슬란드 여성들에게 인기를 얻으면서 연일 품절을 기록하고 있다. 가장 추천하는 것은 1개월 집중 케어용 30 Day Treatment. 저녁에 세안 후 손에 몇 방울을 떨어뜨려 얼굴에 바르면 다음 날 촉촉해진다. 아이슬란드의 건조한 겨울 날씨도 이겨낼 수 있는 기특한 제품이다. 국내에서도 판매하고 있지만 아이슬란드에서는 면세로 살 수 있으므로 쇼핑 목록에 넣어보자.

판매처

크링란 내 약국 Lyf & heilsa ☎ (354) 568-9970

Blue Lagoon 블루 라군

미네랄이 풍부한 머드 마스크

블루 라군의 해수 온천에는 미네랄이 풍부하게 함유되어 있다. 온천수의 성분을 배합한 스킨케어 제품이 다양하게 출시되었는데 그중에서도 실리카 머드 마스크(딥 클렌징 효과)와 알지 마스크(안티에이징 효과)를 추천한다. 일주일에 1~2회 세안 후 눈가를 제외한 얼굴과 목에 바르고 10분 정도 있다가 미지근한 물로 씻어내면 피부가 매끈해진다.

판매처

블루 라군(176p), 뢰이가베구르 직영점, 케플라비크 국제공항 내 면세점

머드 마스크(€70)와
알지 마스크(€75).

로아(Lóa)의 크림(3,800ISK)과 핸드 소프(2,900ISK).

Sóley Organics 솔레이 오가닉

아이슬란드산 허브 향에 치유되다

배우 출신인 솔레이 엘리아스도티르(Sóley Elíasdóttir)가 2007년에 론칭한 브랜드로 착색료, 방부제, 향료를 쓰지 않고 동물 실험도 하지 않은 오가닉 화장품이다. 샴푸, 바디워시, 크림, 아로마 캔들 등 제품군이 다양하며 피부에 닿는 순간 허브 향이 가득 퍼진다. 추천 상품은 아이슬란드 허브를 아낌없이 넣은 로아(Lóa)의 핸드 소프와 크림. 달콤한 일랑일랑 향과 상쾌한 자몽 향이 절묘하게 어우러져 손을 씻고 난 후에도 향이 오래 지속된다.

판매처

크링란 내 오가닉 숍 Heilsuhúsið ☎ (354) 568-9266, 약국 Lyf & heilsa, 미린(45p)

아이슬란드 추천 온천 7

× × × × × × × × × × × × × ×

경치가 빼어난 곳부터 럭셔리한 온천까지 아이슬란드에는 150개 이상의 크고 작은 온천이 있다. 어디든 각각의 장점이 있지만 그중에서 가장 추천하는 온천 일곱 곳을 소개한다.

뢰이가르달스뢰이그는 짧은 여름의 태양을 즐기려는 현지인들로 성황을 이룬다.

탈의실은 개인실과 단체실이 있다. 자리가 있다면 개인실을 요청하자.

Sundhöllinn
순드휼린

MAP[15p, C-3]

현지인이 모여드는 루프 톱 온천

아이슬란드의 대표적인 건축가 구드욘 사무엘손(207p)이 설계한 실내온천. 자쿠지가 달린 온수풀이 옥상에 있어서 어깨가 결릴 때 몸을 담그면 효과가 좋다. 온도가 적당하여 시간 가는 줄 모르고 머물게 되는 온수풀과 뜨거운 열탕, 스팀 배스가 있다. 아르데코풍의 탈의실도 볼만하다.

레이캬비크에서 가장 오래된 온천. 일부 확장 공사 중(2015년 8월).

📍 Barónsstígur 45a, 101 Reykjavík
☎ (354) 411-5350
🕐 6:30~22:00(금요일~20:00, 토요일 8:00~16:00, 일요일 10:00~18:00), 일부 공휴일 휴무
♨ 어른 650ISK, 어린이 140ISK
◎ 대여 가능(수영복 800ISK, 수건 550ISK)

Laugardalslaug
뢰이가르달스뢰이그

MAP[13p, B-4]

온천의 유원지!?

아이슬란드 최대의 온천. 부지 내에 경기용 풀장, 워터 슬라이드, 어린이용 풀, 온도가 설정된 온수풀, 해수 온천, 스팀 배스 등 다양한 시설이 있다. 관광객이 많아 활기찬 분위기 속에서 온천을 즐길 수 있다.

📍 Sundlaugavegur 30, 105 Reykjavík ☎ (354) 411-5100
🕐 6:30~22:00(주말 8:00~), 일부 공휴일 휴무
♨ 어른 650ISK, 어린이 140ISK ◎ 대여 가능(수영복 800ISK, 수건 550ISK)

183

평일 점심시간에 잠시 온천을 즐기러 온 현지인들.

Nauthólsvík
뇌이트홀스비크

MAP[13p, C-3]

눈앞에 바다가 펼쳐진 평화로운 온천

지열로 따뜻해진 온수가 흘러드는 인공 해변 옆의 온천이다. 1년 내내 수온을 38℃ 내외로 유지하여 쾌적하며, 눈앞에 드넓은 북대서양이 펼쳐져 가슴이 탁 트인다. 겨울에는 건강 관리차 혹한의 바닷속에서 수영하는 현지인의 모습을 볼 수 있다.

매점에서 알록달록한 수영모를 판매한다.

📍 Nauthólsvegur, 101 Reykjavík
☎ (354) 511-6630
🕐 하절기(5/15~8/15) 10:00~19:00, 연중무휴
　동절기(8/16~5/14) 월·수요일 11:00~13:00,
　17:00~19:00(화·목·금요일은 저녁 휴무)
　토요일 11:00~15:00, 일요일 및 일부 공휴일 휴무
♨ 하절기 무료, 동절기 500ISK
◎ 대여 가능(수영복·수건 각 300ISK), 귀중품 보관 200ISK

Laugaskarð
뢰이가스카르드

MAP[168p 위, B-1]

눈앞에 바다가 펼쳐진 평화로운 온천

활발한 지열대에 위치한 크베라게르디(Hveragerði) 마을의 온천이다. 1938년에 문을 연 이후 오랫동안 현지인에게 사랑을 받아온 곳이다. 마을에 들어서는 순간 유황 냄새가 풍겨서 어디에서나 온천 기분을 느낄 수 있다. 온천에서 나온 후에도 한동안 여운이 가시지 않는다.

제일 앞쪽의 얕은 온천에는 누워서 담소를 나누는 사람들이 많다.

📍 Laugaskarð, 810 Hveragerði
☎ (354) 483-4113
🕐 월~목요일 7:00~20:30, 금요일 7:00~17:30, 주말 10:00~19:00(동절기 주말 10:00~17:30), 일부 공휴일 휴무
♨ 어른 620ISK, 어린이 200ISK
◎ 대여 가능(수영복 560ISK, 수건 560ISK)

온수풀과 경기용 수영장, 스팀 배스가 있다.

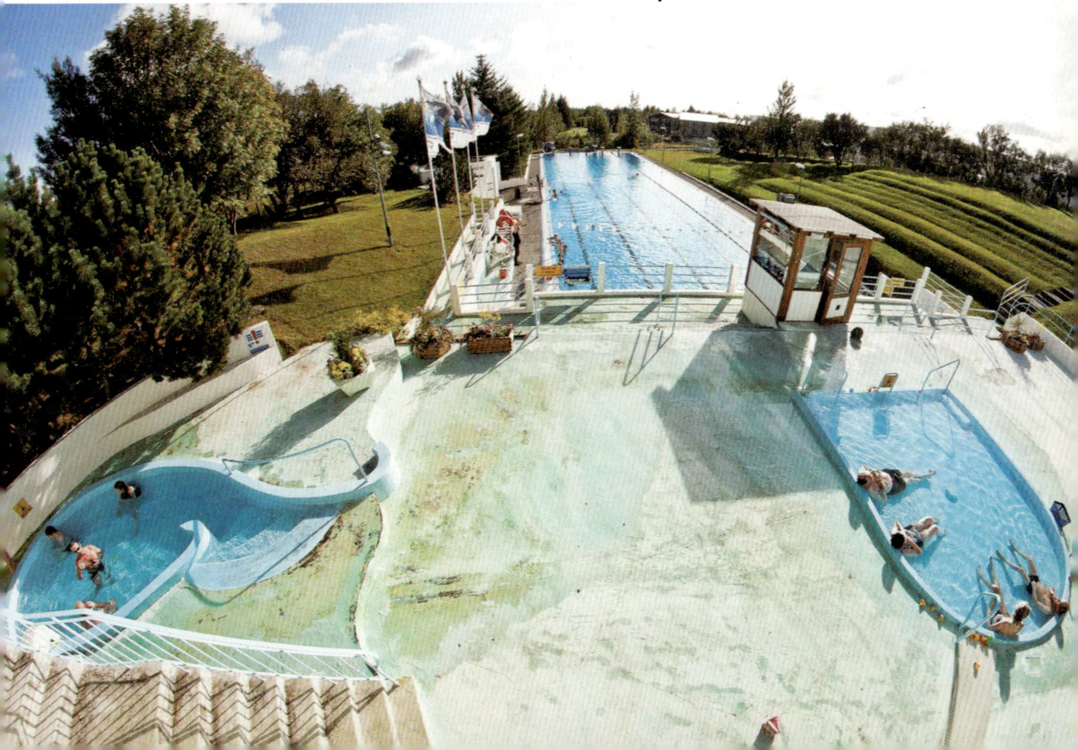

모던한 분위기의 온천. 여러 종류의
온수풀과 스팀 배스를 즐길 수 있다.

Laugarvatn Fontana
뢰이가르바튼 폰타나

MAP[168p 위, A-2]

관광하다가 들르기 좋은 곳

골든 서클의 게이시르(108p) 바로 앞에 위치한 온
천이다. 뢰이가르바튼 호수가 눈앞에 펼쳐져 있어
서 시에서 운영하는 풀보다 고급스러운 분위기를
느낄 수 있다.

📍 Hverabraut 1, 840 Laugarvatn
☎ (354) 486-1400
http://www.fontana.is
🕐 하절기(6/11~8/23) 10:00~23:00
　동절기(8/24~6/9) 11:00~21:00, 일부 공휴일 휴무
♨ 어른 3,400ISK, 학생(13~16세) 1,700ISK,
　어린이(12세 이하) 무료
◎ 대여 가능(수영복·수건 각 800ISK)

북부
아이슬란드

Norðurland

Sundlaugin á Hofsósi
호프소스 수영장

MAP[169p, B-1]

📍 Suðurbraut, 565 Hofsós
☎ (354) 455-6070
🕐 하절기 9:00~21:00
　동절기 7:00~13:00,
　17:00~20:00,
　주말 11:00~15:00,
　일부 공휴일 휴무
♨ 어른 600ISK,
　어린이 250ISK
◎ 대여 가능
　(수영복·수건 각 600ISK)

아이슬란드에서 가장 아름다운 온천

아쿠레이리에서 차로 1시간 반 거리에 위치한 인구 200명 규모의 작은
어촌 호프소스. 이 마을에 집을 소유한 할리우드 영화감독 발타자르 코루
마쿠르 부부가 기증한 온천이다. 바로 앞에 끝없는 바다가 펼쳐져 웅장한
경치를 즐길 수 있다.

온천 수영장에 몸을 담근 채 피오르를 조망한다.

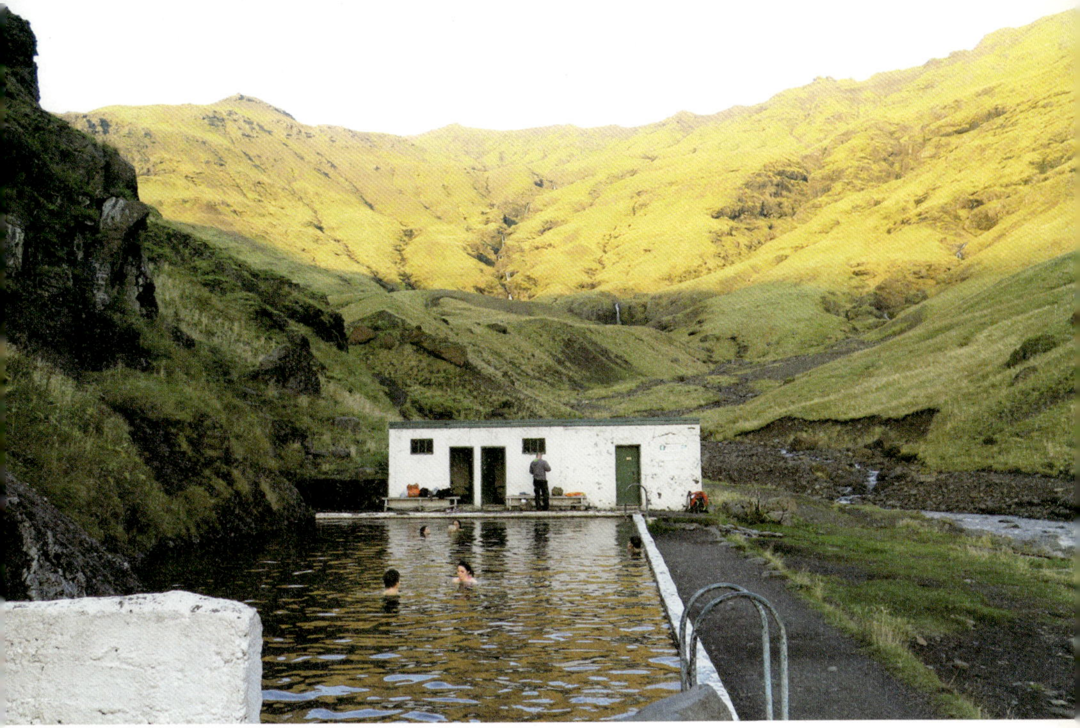

안쪽의 작은 건물이 탈의실. 전기 시설이 없으므로 밝은 여름에 찾아가자.

Suðurland
남부 아이슬란드

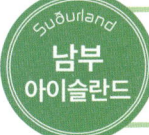

Seljavallalaug
셀야발라뢰이그

MAP[170p, B-1]

◎ 주소는 없지만 구글 맵에서 'Seljavallalaug pool'을 검색하면 나온다.

◎ 간단한 탈의실은 있으나 샤워 시설은 없다. 수영복을 입고 가는 편이 낫다. 수건은 개별 지참해야 한다.

신비로운 자연에 둘러싸인 곳

1923년에 지어진 아이슬란드에서 가장 오래된 온천 중 하나다. 주차장에서 작은 강을 넘어 20분가량 올라가야 한다. 유지 관리를 자주 하지 않아서 위생은 보장할 수 없지만 절경을 보기 위한 사람들의 발길이 끊이지 않는다.

어느 농부가 자신의 아이들을 위해 만든 것이 시초.

아이슬란드 온천 정보를 얻을 수 있는 홈페이지

http://www.swimminginiceland.com

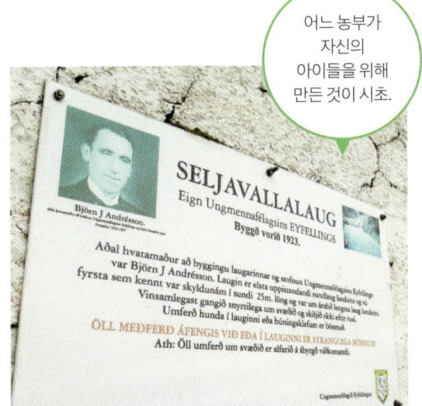

4

Íslensk tónlist & hönnun
Iceland Music & Design

아이슬란드 문화를 가득 품고 있는
음악과 디자인

●●● Dr. 군니에게 듣는 아이슬란드 음악 이야기

비요크(Björk)와 시규어 로스(Sigur Rós)를 비롯한 세계적인 뮤지션을 다수 배출한 아이슬란드! 전 세계인의 마음을 사로잡는 아이슬란드 음악의 매력은 무엇일까? 아이슬란드 음악 전문가 Dr. 군니에게 물어보았다.

Q 지금의 독창적인 아이슬란드 음악은 어떻게 탄생했나요?

A 1950년 이후 아이슬란드의 팝 뮤직이 발매되면서 로큰롤, 비틀스, 히피 무브먼트, 디스코 같은 식으로 해외 음악과 비슷한 흐름을 이어왔다. 차이가 있다면 규모가 작은 점뿐이랄까?

영어판 《블루 아이드 팝》은 음악 마니아를 위한 선물로 추천.

상황이 변하기 시작한 것은 1980년 이후 쿠클(Kukl, 1983년에 결성된 포스트 펑크 밴드로 비요크도 보컬로 참여했다)과 슈가큐브스(The Sugarcubes, 1986년에 결성된 올터너티브 록 밴드로 비요크가 주요 멤버로 활동했다)가 활동하기 시작하면서부터다. 1980년대 후반에 슈가큐브스가 영국과 미국에서 크게 히트했는데, 아이슬란드 뮤지션들은 자신들의 음악이 해외에서 받아들여질 거라고는 생각도 못 했기 때문에 충격을 받았다. 그때까지 해외의 레코드 회사와 에이전트들은 아이슬란드 음악에 관심이 없었을 뿐더러 음악을 들어도 코웃음 칠 뿐이었다.

그런데 비요크와 시규어 로스가 해외에서 인기를 끈 것이 아이슬란드인들에게 자극이 되어 해외 뮤지션의 흉내를 그만두고 독창적인 음악을 만들어내기 시작했다.

Q 아이슬란드 음악의 매력을 한마디로 요약하면 뭐라고 할까요?

A 종류가 다양하고 독창성이 풍부하다는 것. 누군가를 모방하려고 하지 않는 점이 매력이다.

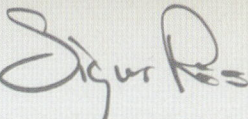
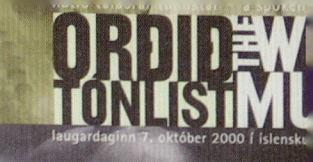

Q 현재 아이슬란드 음악계를 대표하는
앨범은 뭐라고 생각하나요?

A 시규어 로스가 1999년에 발매한 〈아우가이티스 비륜(Ágætis
Byrjun)〉이다. 이 앨범은 아이슬란드 음악사상 가장 높은 평가
를 받은 것으로서 종종 다른 앨범의 비교 대상이 되고 있다.

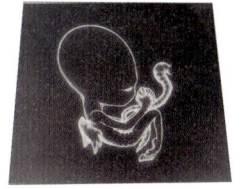

시규어 로스
〈아우가이티스 비륜〉(1999)

Q 비요크와 시규어 로스를 비롯한 아이슬란드 음악이
세계적으로 사랑받는 이유는 무엇일까요?

A 아마 전적으로 음악이 좋아서가 아닐까? 독창성을 추구하는 비
요크와 시규어 로스는 끊임없이 진화하고 새로운 영역에 도전하
고 있기 때문에, 그들이 세상에 내놓는 음악은 창의적이고 진보
적이다. 그런데도 전 세계 사람들은 어떠한 형태로든 그 음악에
공감하고 있다.

Dr. 군니

1965년 출생했으며 본명은 군나르 라우루스 햐
울마르손(Gunnar Lárus Hjálmarsson)이다. 음악
가, 작가, 음악 방송 진행자, 라디오 프로그램 DJ
등 만능 엔터테이너로 활동 중이다. 꾸밈없는 성
격과 음악에 관한 해박한 지식 덕분에 'Dr. 군니'
라고 불리며 열렬한 지지를 얻고 있다. 어린이를
대상으로 제작한 두 앨범 〈압바밥!(AbBaBabb!)〉
(1997)과 〈알헤이무린!(Alheimurinn!)〉(2013)은
아이뿐만 아니라 어른들에게도 큰 사랑을 받았
다. 그의 저서 《블루 아이드 팝(Blue Eyed Pop)》
(2013)은 아이슬란드의 음악사를 연대별로 자세
히 기술한 책이다.

©Alexander Black

아이슬란드의 주목받는 젊은 뮤지션 10

비요크와 시규어 로스만 있는 게 아니다! 젊은 실력파 뮤지션이 잇따라 탄생하는 아이슬란드 음악계에서 지금 가장 핫한 스타를 톨프 토나르(54p)에서 추천해주었다. 좋아하는 뮤지션에 따라 레이캬비크에서 놓치지 말아야 할 관광 포인트도 소개한다.

톨프 토나르 간판

시간의 굴레를 벗어난 신비로운 세계에 잠기다

2011년 레이캬비크에서 결성된 3인조 혼성 밴드다. 요프리두르, 아우스뢰이그, 소르두르가 각각 보컬, 클라리넷, 전자 악기를 맡은 개성 있는 그룹이다. 전자 악기와 타악기 비트의 어둡고 무거운 멜로디와 보컬의 나지막하고 호소력 짙은 음색이 특징이다. 가사를 19세기 아이슬란드 시(詩)에서 인용하여 고대와 현대가 뒤섞인 듯한 신비로운 분위기가 흐른다. 요프리두르와 쌍둥이 자매 아우스트힐두르가 2009년에 결성한 포크 트로니카 듀오 '파스칼 피논(Pascal Pinon)'도 추천한다.

Samaris 사마리스 ©One Little Indian Records

오른쪽부터 요프리두르, 소르두르, 아우스뢰이그.

| 레이캬비크 추천 포인트 |

레이캬비크에서 가장 맛있는 케밥 집 만디(MAP[14p, B-1])에 들러보자. 닭고기, 양고기가 듬뿍 들어간 케밥도 일품이고, 성격 좋은 주인이 예전에 아우스뢰이그의 집 열쇠를 맡아주었다는 소문이 있다.

최신 앨범《SILKIDRANGAR》(2014)
http://samaris.is

꿈꾸는 듯한 슈게이징에 도취되다

2012년 레이캬비크에서 결성된 앰비언트/드림·노이즈 록 밴드로 베르그루르(Ba, Cho), 유리아(Vo, Key), 카우리(Gt), 울푸르(Vo, Gt), 루나르(Dr)로 구성된 5인조 혼성 그룹이다. 몇 겹이나 중첩되는 기타의 출렁이는 음색과 보컬의 나른하고 달콤한 멜로디가 듣는 사람을 압도하며 꿈같은 세계로 빨아들인다. 곡이 끝난 후에도 아름다운 선율이 머릿속에 울려퍼져 여운이 가시지 않는다. 라이브 공연 때 머리카락을 파워풀하게 흩트리며 연주에 몰입한 멤버들 사이에서 홍일점 보컬 유리아가 조용하고 부드럽게 노래하는 모습이 아름답다.

Oyama 오야마 ©Sigga Ella

| 레이캬비크 추천 포인트 |

레이캬비크에서 지낼 시간을 충분히 확보하여 거리를 돌아다니거나 콘서트, 바에 찾아가서 문화를 만끽하자. 지열 수영장도 빠뜨리지 말 것!

데뷔 앨범〈Coolboy〉(2014)
http://oyamayo.tumblr.com

카크투스는 슈가큐브스 전 멤버인 에이나르 베네딕슨의 아들.

데뷔 EP ⟨Adjust To The Light⟩(2015)
http://fufanumusic.com

Fufanu 푸파누

©Lewis Allman

롤링 스톤지도 인정한 밴드!

2009년에 카크투스(Vo)와 구들뢰이구르(Gr, Prg)가 결성한 테크노 듀오로, 세계적인 음악 페스티벌에서 활약한 실력파 뮤지션이다. 현재 세 명의 멤버를 추가로 영입해 뉴웨이브와 포스트 펑크 색이 짙은 밴드로 변신했다. 롤링 스톤지의 '지금 꼭 알아두어야 할 10명의 신인 아티스트'에 뽑히기도 했다. 비요크가 소속된 레이블 One Little Indian Records와 계약하여 2015년에는 대망의 데뷔 앨범이 발매되었다. 앞으로의 활약이 더욱 기대되는 밴드다.

레이캬비크 추천 포인트

올드 하버에 위치한 레스토랑 사이그레이핀(MAP[14p, A-1])에서 로브스터 수프를 먹어보자!

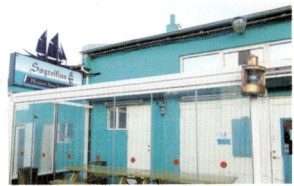

사이그레이핀은 청록색 외벽이 특징.

마음이 따뜻해지는 어쿠스틱 사운드

미국에서 Audrye Sessions라는 인디 록 밴드의 보컬로 활동했던 라이언 카라지야가 아이슬란드로 이주한 후 2010년에 결성한 올터너티브 록 밴드다. 2011년에 발매한 데뷔 앨범 '로 로아(Low Roar)'에는 라이언이 다른 문화에 적응하면서 겪은 시련과 타국에서 가족을 부양하는 어려움이 고스란히 담겨 있다. 라이언의 감미로운 목소리에 마음이 촉촉이 젖어든다.

레이캬비크 추천 포인트

카피 바린(69p)이나 클럽 후라(MAP[14p, A-1])에서 나이트 라이프를 즐기고 스냅스(60p)에서 저녁을 먹어보자! 할그림스키르캬 교회(22p)도 놓치지 말 것!

◎ 후라는 점포명이 자주 바뀌므로 주의!

Low Roar 로 로아

최신 앨범 ⟨0⟩(2014)
http://www.lowroarmusic.com

맨 오른쪽이 라이언.
©TMM

©Heðinn Eiríksson

Rökkurró 료쿠로

아이슬란드의 풍경이 떠오르다

2006년 레이캬비크에서 결성된 인디 일렉트로 팝 밴드. 악셀(Gt), 아르니(Gt), 뵤른(Dr, Pf), 헬가(Key, Cho), 힐두르(Vo, Syn), 스쿠리(Ba)로 이루어진 6인조 혼성 그룹이다. 2010년에 발매된 두 번째 앨범 〈이 안난 헤임(Í Annan Heim)〉은 시규어 로스 욘시의 애인이기도 한 알렉스 소머즈를 프로듀서로 영입해서 만든 히트작이다. 〈인라(Innra)〉에서는 힐두르의 투명하고 맑은 목소리를 감상할 수 있다.

최신 앨범 〈Innra〉(2014)
http://rokkurro.com

레이캬비크 추천 포인트
지열 수영장은 필수! 그로타(38p) 주변을 산책하는 것도 잊지 말자. 조용히 사색에 잠기고 싶을 때 최고의 장소!

주목받는 거물급 신인

2013년 마르그레트(Vo, Gt, Key), 안드리(Sax), 올라푸르(Gt)가 결성한 젊은 3인조 혼성 밴드. 밴드를 결성한 직후 무식틸뢰이니르*에서 우승하여 현지 뮤지션들 사이에서 단숨에 화제가 되었으며 같은 해 아이슬란드 에어웨이브에도 출연했다. 마르그레트의 허스키한 목소리와 전자 악기, 색소폰의 몽롱한 음색이 융화되어 황홀한 분위기를 자아낸다.

©Eygló Gisla

Vök 뵤크

*무식틸뢰이니르(Músíktilraunir): 아이슬란드 신인 뮤지션의 등용문이라 불리는 음악 경연 대회. 과거 우승자 중에는 2013년과 2015년 후지 록 페스티벌에 출연한 오브 몬스터스 앤 맨(2010)과 사마리스(2011)도 있다.

레이캬비크 추천 포인트
할그림스키르캬 교회(22p) 전망대에 올라가서 레이캬비크의 거리를 내려다보자. 레이캬비크의 문화를 제대로 감상하려면 나이트라이프도 만끽할 것. 특히 프리키드(MAP[14p, B-2])와 돌리(MAP[14p, A-1])를 추천한다.

최신 앨범 〈Circles〉(2015)
http://www.Vok.is

Pink Street Boys 핑크 스트리트 보이즈

톨프 토나르와 레이블 계약을 맺었을 때 찍은 기념사진.

데뷔 앨범 〈Hits#1〉(2015)
https://www.facebook.com/PinkStreetBoys

남성미를 한껏 드러내는 로큰롤!

2013년에 결성된 5인조 록 밴드. 멤버는 욘뵤른(Gt, Ba, Vo), 비디르(Gt, Ba, Vo), 에이나르(Dr), 악셀(Gt, Vo), 알프레드(Vo, Noise). 50장 한정으로 직접 제작한 믹스 테이프 〈트래시 프롬 더 보이즈(Trash From The Boys)〉가 언더그라운드 세계에서 화제를 모으며 2015년 4월에 데뷔했다. 꾸밈없이 날카롭고 단도직입적인 로큰롤을 듣고 있으면 속이 뻥 뚫린다!

레이캬비크 추천 포인트
시간이 있다면 흘렘무르 버스 터미널에서 6번 버스를 타고 교외의 모스펠스바이르(MAP[168p 위, A-1])까지 가벼운 여행을 떠나보자!

©Magnus Andersen

Grísalappalísa 그리살라팔리사

자세히 보면 모두 상큼한 꽃미남들!

레이캬비크 추천 포인트

그란디에 있는 젤라또 가게 발디스(87p)를 추천한다. 그리고 하르파(26p) 안에도 들어가 보자. 물고기 비늘처럼 생긴 유리 외관이 압권이다!

남자들의 문학 펑크

2012년 레이캬비크에서 결성된 펑크 밴드. 2005년 무식틸뢰이니르에서 우승한 밴드 야코비나리나(Jakobínarína)의 리더였던 군나르와 시인이자 피자 장인이었던 발두르가 합류하여 남자 일곱 명 밴드가 탄생했다. 아이슬란드 문학을 토대로 운을 넣은 가사가 인상적이다. 아이슬란드에는 여러 밴드에서 동시에 활동하는 뮤지션이 많아서 오야마의 루나르가 이 밴드의 드럼과 기타를 맡고 있다.

최신 앨범 〈Rökrétt Framhald〉(2014)

http://grisalappalisa.com

레이캬비크 추천 포인트

지열 수영장은 꼭! 시내에 여러 곳이 있으니 투어를 해보자.

© Baldur Kristjáns

Mr. Silla 미스터 실라

뉴욕의 밴드 마이스 퍼레이드(Mice Parade)와도 함께 연주했다.

청중을 집중시키는 허스키 보이스

뭄의 보컬로 활동하고 로 로아, 스노리 헬가손 등의 아이슬란드 뮤지션과 10년 이상 연주해온 시구루뢰이그 기슬라도티르(애칭:실라)의 신스 팝 솔로 프로젝트. 실라의 허스키한 목소리는 청중을 집중시키는 힘이 있다. 솔로로 활동하기 전 아이슬란드 아카데미의 동기였던 마그누스와 '미스터 실라 & 몽구스(Mr. Silla & Mongoose)'라는 이름으로 발매한 앨범 〈폭스바이트(Foxbite)〉도 추천한다.

데뷔 앨범〈무제〉(2015)

https://www.facebook.com/sillasilla

라이브 때는 영상을 동원하여 독특한 세계관을 표현한다.

Godchilla 갓칠라

아이슬란드의 주목받는 서프 메탈

시르기르(Ba, Vo), 타사르(Gt, Vo), 효스쿨두르(Dr)로 구성된 젊은 남성 3인조 미스터리 서프 둠 밴드. 2013년 플로피 디스크 19장에 수록한 1곡이 화제가 된 후 강렬한 라이브 공연으로 세간의 주목을 받았고, 2014년에 발매한 데뷔 앨범 〈코스마토스(Cosmatos)〉도 호평을 얻었다. 지금은 아직 무명이나 다름없지만 저널리스트 중에는 5년 후 청중을 놀라게 할 밴드로 성장할 것이라고 예언하는 사람도 있다.

레이캬비크 추천 포인트

주말에는 후라에서 콘서트를 보거나 팔로마(MAP[14p, A-1])에서 댄스를! 친절한 현지인들에게 각종 정보를 수집하자.

데뷔 앨범 〈Cosmatos〉(2014)

https://godchillah.bandcamp.com

레이캬비크의 음악 페스티벌

메인 공연장의 하나인 하프나르후스에서.

Iceland Airwaves
아이슬란드 에어웨이브

북쪽 끝에서 펼쳐지는 해피 페스티벌

아이슬란드 최대의 음악 페스티벌로 1999년 레이캬비크 공항 격납고에서 열린 작은 축제가 기념비적인 시작이었다. 그 이후 세계적으로 주목받는 젊은 뮤지션들이 레이캬비크 중심부의 콘서트홀, 카페, 바 등에서 공연하는 지금의 형태로 자리 잡혔다. 매년 11월 초 닷새간 진행되며 비요크, 시규어 로스도 다수 출연한다.

시내의 여러 점포가 오프 베뉴로 바뀌어 실내 공연이 열린다.

익스페리멘탈 일렉트로닉 사운드를 구사하는
크락보트(KRAKKKBOT).

애절한 노래로 마음을 적시는
크리아 브레칸(뭄의 전 멤버 크리스틴).

©Keina Higashide

유명한 뮤지션의 공연이 열리는 하르파. 특히 많은 인파가 몰리므로 일찍 가는 편이 좋다.

최근에 열광적인 인기를 얻고 있는
DJ. flugvél og geimskip(DJ 비행기 &
우주선).

비요크의 아들 신드리 엘돈이 선사
하는 뜨거운 무대.

공연장에는 아이슬란드 음악
앨범이 진열된다.

하프나르후스에서 파워
풀한 공연을 보여준 발레
스쿨(Ballet School).

아이슬란드 에어웨이브
제대로 알기

아이슬란드 에어웨이브(이하 에어웨이브)는 공연장 대부분이 레이캬비크의 중심 지구에 집중된 도시형 페스티벌이다. 제한된 시간 안에서 에어웨이브를 최대한 즐기고 싶은 사람들을 위해 꼭 알아두어야 할 정보를 소개한다.

하프나루후스 벽의 로고 앞에서 기념사진.

티켓은 어디서 살까?

에어웨이브 공식 사이트(http://icelandairwaves.is)에서 예매할 수 있다. 신용카드 결제가 끝나면 입력한 이메일 주소로 확인 메일이 발송된다. 당일 이메일 출력본(화면을 제시해도 된다)과 여권 등의 증명사진이 들어간 신분증을 지참하고 미디어 센터에서 손목 밴드를 받는다. 예매 확인 메일에 기재된 이름과 신분증의 이름이 반드시 일치해야 한다. 미디어 센터의 접수 시간은 홈페이지에서 확인할 수 있다.

하르파 안의 미디어 센터에서 손목 밴드를 받는다.

어떤 복장으로 갈까?

평소에도 패셔너블한 현지인들이 더욱 매력을 과시하는 에어웨이브. 이 시기 평균 기온은 3℃ 전후이지만 얇은 옷을 여러 겹 입으면 의외로 춥지 않다. 공연장 안에서도 체온 조절에 용이하므로 레이어드룩을 추천한다. 휴대전화, 신용카드, 립스틱 등은 클러치나 코트 주머니에 넣고 편하게 다니자. 콘서트홀 안의 바에서 신용카드를 사용할 수 있다.

모처럼 한껏 멋 내고 싶은 날!

일정을 어떻게 세울까?

어떤 곡을 어떤 분위기에서 즐기고 싶다는 이미지가 있다면 자연스레 윤곽이 잡힌다. 물론 페스티벌 시작 전 공연장 조사까지 하면 완벽하다. 갑작스러운 공연 시간 변동은 공식 무료 애플리케이션에서 실시간으로 공지하니 반드시 활용하자. 꼭 보고 싶은 뮤지션은 공연장에 한두 타임 먼저 가서 기다리자. 대기 줄이 너무 길면 포기하고 다른 공연장으로 향하는 것이 현명하다. 예상치 못한 순간에 멋진 음악을 만날 수 있기 때문이다. 또한, 많은 뮤지션들이 오프 베뉴를 포함하여 수차례 공연하므로 다른 날 재도전할 수 있다.

숙소는 어떻게 정할까?

공연장이 모여 있는 중심 지구(우편번호가 101인 지역)를 추천한다. 아무 때나 숙소에 돌아가서 쉴 수 있다는 장점이 있다. 한밤중에 이용할 수 있는 교통수단은 택시뿐이다. 치안이 좋기는 하지만 심야에 혼자 걷는 것은 삼가는 편이 좋다. 숙소가 멀다면 택시를 이용하자(택시 승강장 MAP[14p, B-2]).

메인 공연장인 하르파로 가는 길. 항구 바로 옆이라 바람이 차갑다.

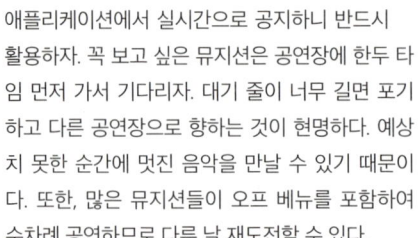

페스티벌 도중에 배가 고프면?

짧은 시간 안에 끼니를 해결해야 할 때는 중심 지구의 패스트푸드점을 이용하자.

속이 꽉 찬 치킨 샤와르마 (1,300ISK). 양이 제법 푸짐하니 둘이서 나눠 먹어도 좋을 듯.

짭조름한 베이컨과 싱싱한 채소의 조화가 일품인 베이컨 서브

Habibi 하비비   MAP[14p, B-2]

촉촉한 고기와 요구르트 소스의 절묘한 만남

샤와르마, 케밥, 팔라펠 등 아랍 본고장의 요리를 가볍게 즐길 수 있다. 추천 메뉴는 치킨 샤와르마. 상큼한 요구르트 소스와 매콤한 그릴드 치킨의 환상적인 조합을 놓치지 말자.

📍 Hafnarstræti 18, 101 Reykjavík
☎ (354) 578-5858
🕙 10:30~익일 2:00(금·토요일 ~익일 6:00, 일요일 12:00~), 연중무휴

Nonnabiti 논나비티   MAP[14p, A-1]

육즙이 가득한 서브 샌드위치

창업한 지 20년이 넘은 서브 샌드위치 가게. 점원이 눈앞에서 구워주는 재료가 빵에서 흘러넘칠 정도로 풍성하게 담긴다. 통통한 베이컨, 특제 소스를 바른 햄과 치즈, 후추를 뿌린 양배추와 양파가 듬뿍 들어간 베이컨 서브 (1,370ISK, 미니 사이즈 970ISK)를 추천한다.

📍 Hafnarstræti 9, 101 Reykjavík
☎ (354) 551-2312
🕙 9:00~익일 2:00(금·토요일 ~익일 5:30, 주말 10:00~)

Pizza Royal 피자 로열   MAP[14p, B-2]

레이캬비크 나이트라이프의 정석

하비비 옆에 위치한 피자 가게. 미리 구워서 보온 중인 피자를 한 조각(600ISK)씩 살 수 있으므로 시간이 없을 때 끼니를 해결하기에 안성맞춤이다. 카운터에 있는 갈릭 오일, 칠리 오일, 향신료 등을 취향대로 뿌려서 식기 전에 맛보자.

내 마음대로 토핑을 고르는 것도 가능하다.

📍 Hafnarstræti 18, 101 Reykjavík
☎ (354) 551-7373
🕙 10:00~익일 2:00(토요일 ~익일 7:00, 주말 11:00~), 연중무휴

귀를 쫑긋 세우고 음악을 듣는 꼬마.

추천 공연장은?

트요르닌 호수 앞의 하얀색 벽과 초록색 지붕이 특징인 프리키르칸(MAP[14p, B-1]). 오래된 교회의 엄숙한 분위기 속에서 감동적인 연주가 마음을 울린다. 오프 베뉴라면 카페를 추천한다. 맛있는 커피를 홀짝이며 음악을 감상하는 꿈만 같은 시간을 보낼 수 있다. 많은 인파가 몰리니 일찍 가서 자리를 확보하자.

©Keina Higashide   오프 베뉴 카페에서 감상하는 스노리 헬가손의 어쿠스틱 라이브.

서부 피오르의 음악 페스티벌

Aldrei Fór Ég Súður
알드레이 포르 예그 수두르

이사프요르두르 출신의 국민적 뮤지션 무기손(Mugison)이 해외 음악 페스티벌을 즐기고 있다가 문득 자신의 고향에서도 음악 축제를 열고 싶다는 생각이 들어 시작한 페스티벌이다. 2004년부터 매년 부활절 주간에 이틀간 개최된다.

다양한 경력의 아이슬란드 뮤지션들이 한자리에 모이며 중간에 어린이들을 위한 공연과 스노보드 대회 등이 펼쳐진다. 아이를 동반한 지역 주민들은 물론, 레이캬비크에서 온 음악 마니아, 아이슬란드 음악을 좋아하는 관광객들이 찾아와 음악을 뛰어넘은 문화 축제의 장을 즐긴다. 개최 시기에 날씨가 춥다는 것이 옥에 티지만 관중들의 얼굴에는 웃음이 떠나질 않는다.

관객의 연령층이 폭넓다.

인디 록 밴드 발디마르(Valdimar)의 공연.

추위에 단단히 대비하자!

http://aldrei.is

페스티벌은 계속 늘어나는 중!

최근에 레이캬비크를 중심으로 대형 음악 페스티벌이 늘고 있다. 2월에 열리는 일렉트로닉 뮤직 페스티벌 '소나르', 6월에 뢰이가베구르에서 열리는 '시크릿 솔스티스', 7월에 케플라비크에서 개최되는 '올 투모로스 파티스(ATP)' 등 화려한 축제들이 있으니 눈여겨보자.

Sónar Reykjavik >>>> http://sonarreykjavik.com
Secret Solstice >>>> http://secretsolstice.is
ATP Iceland >>>> https://www.atpfestival.com

아이슬란드 디자인이란?

독특한 색채 감각과 독창성

아이슬란드의 디자인은 대범한 색상과 형태가 특징이다. 드넓은 지열 지대를 바탕으로 형성된 다채로운 아이슬란드의 자연에서 영감을 받은 것이 많다. 아이슬란드에서는 황토색 대지를 뒤덮은 초록색 이끼, 푸른빛이 감도는 우윳빛 온천, 새파랗게 펼쳐진 하늘 등 자연이 빚어낸 아름다운 색채를 볼 수 있다. 아이슬란드 사람들은 어렸을 때부터 경이로운 풍경을 눈앞에서 보고 자란 덕분에 풍성한 색채 감각을 지니고 있다.

아이슬란드산 용암으로 만든 틴나의 〈garden gnome〉. 가든 놈(정원에 장식하는 도기 인형)이라는 이름에서 알 수 있듯이 아이슬란드 요정들의 이동식 집을 표현한 작품이다.

지리적 특성상 '북유럽 디자인'이라고 분류되나 덴마크, 스웨덴, 핀란드와 비교하면 디자인의 역사는 짧은 편이다. 아이슬란드의 대표적인 디자이너들을 다수 배출한 국립 아이슬란드예술대학(통칭 아이슬란드아카데미)도 불과 1999년에 설립되었다.

아이슬란드아카데미에서 10년 이상 제품 디자인을 가르치고 있는 틴나 군나르스도티르는 "디자인 업계가 성장한 지 얼마 되지 않고 스타일이 확립되어 있지 않기 때문에 오히려 독창적인 디자인이 탄생할 수 있다"라고 설명한다.

또한, "국가의 역사가 짧은 아이슬란드는 100년 전까지만 해도 자급자족하는 사회였다. 그래서인지 '일단은 내가 만들자'는 DIY 정신이 강하며 초등학교와 중학교에서도 남녀를 불문하고 뜨개질, 바느질, 목공을 배운다. 일반인이 집을 짓거나 차를 수리하고 옷을 만드는 것도 흔한 일이다"라고 덧붙인다. 누구나 만들고 싶은 것을 손수 만들어 온 결과, 개성적이고 독특한 아이슬란드의 디자인이 탄생한 것이다.

아이슬란드 디자인의 특징

소재 아이슬란드 울, 용암, 자작나무, 물고기 비늘, 가시 등 주변에서 쉽게 볼 수 있는 재료들을 사용한다. 다른 나라와 비교하면 소재의 폭이 좁을뿐더러 국가 규모가 작아서 생산 능력에도 한계가 있지만, 디자이너들은 창의력을 발휘하여 기존 소재의 새로운 가능성을 발굴하고 있다.

색상 많은 디자이너들이 아이슬란드의 자연과 풍경에서 중요한 아이디어를 얻는다. 아이슬란드의 기반이라고 할 수 있는 잿빛 용암은 다른 색깔을 더욱 빛나게 한다. 여름과 단풍 시즌에는 자연이 다채로운 색으로 물들고, 겨울에는 눈으로 뒤덮인 새하얀 세상 속에서 거리의 알록달록한 지붕들이 돋보인다.

Tinna Gunnarsdóttir

틴나 군나르스도티르

1992년 영국 WSCAD에서 3D 디자인을 전공하고 1997년 밀라노의 돔스 아카데미에서 산업 디자인 석사를 취득했다. 현재 프리랜서 제품 디자이너로서 자신의 작품을 발표하는 동시에 아이슬란드아카데미에서 제품 디자인을 가르치고 있다. 해외 여러 나라의 전시회에도 참여하고 있다.

http://www.tinnagunnarsdottir.is

내륙에 있는 활발한 지열 지대 란드만나뢰이가르
(Landmannalaugar).

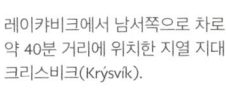

스카프타펠에 있는 스바르티포스(Svartifoss). 배경의
아름다운 현무암 주상절리 때문에 검은 폭포라고도 불
린다.

레이캬비크에서 남서쪽으로 차로
약 40분 거리에 위치한 지열 지대
크리스비크(Krýsvík).

아이슬란드의 인기 디자이너와 브랜드 15

Vík Prjónsdóttir 비크 프론스도티르

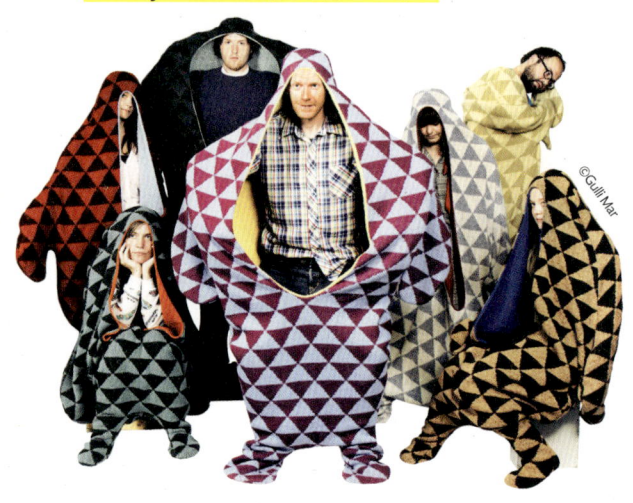

©Gulli Mar

열대새 날개처럼 상
큼한 미니 담요.

©Elísabet Davíðsdóttir

바다표범 형태의 커다란 담요. 아이슬란
드 전래 동화에서 모티브를 얻었다.

왼쪽부터 브린힐두르, 수리두르, 구드핀나.

©Ari Magg

아이슬란드 울 업계에 일으킨 혁명!
아이슬란드 특유의 소재를 효율적으로 활용하여 전통 산업을
활성화하자는 강한 신념으로 출발한 브랜드다. 전래 동화와
신화에서 모티브를 얻은 독특한 디자인을 선보이며 해외에서
'아이슬란드 디자인'의 인지도를 단숨에 높였다. 세 명의 제품
디자이너 브린힐두르, 구드핀나, 수리두르와 비크에 있는 니
트 공장 '비쿠르 프론'의 합작으로 탄생했다. 그 이후 니트 공
장을 바꾸면서도 여전히 '메이드 인 아이슬란드'를 고집하고
있다.
뜨거운 열정으로 한 가지 일에 전념하는 30대 여성 디자이너
들의 자세가 젊은이들에게 귀감이 된다.
http://www.vikprjonsdottir.com

이 책에 나오는 판매처

스파크 디자인 스페이스(32p), 아우룸(42p), 게이시르
(43p)

혼자보다 둘이 덮을 때 더 따뜻한
Twosome 담요.

©Elísabet Davíðsdóttir

Umemi 우메미

©Rakel Ósk Sigurðardottir

겨울에는 따뜻한 색감의 낫 나트가 대 인기.

라근헤이두르.
애완견 이름은 팬더.
©Ragnar Freyr

아이슬란드풍의 앙증맞은 디자인

2005년 라근헤이두르 시구르다르도티르가 론칭한 브랜드. 라근헤이두르는 아이슬란드아카데미의 제품 디자인학과를 졸업하고 미국예술대학에서 석사를 취득했다. 예쁜 과자 포장과 캐릭터를 좋아하는 그녀의 디자인에는 여성들의 마음을 사로잡는 요소들이 곳곳에 가득하다. 매듭에서 모티브를 얻은 쿠션 '낫 나트(Not knot)'는 아이슬란드에서는 물론 해외에서도 히트 아이템!

http://umemi.com

이 책에 나오는 판매처

아우룸(42p), 흐림(44p), 미린(45p)

이끼를 연상시키는 아이슬란드 울 담요.

색감이 절묘! 생동감 넘치는 디자인

2010년 엘리자베트 욘스도티르와 올가 흐라픈스도티르가 설립한 디자인 스튜디오. 아이슬란드의 자연, 레이캬비크의 거리에서 영감을 받은 대범하고 절묘한 색감의 울 담요와 목도리를 선보인다. 최근에 가구 디자인까지 영역을 넓혀 아이슬란드 디자인 업계에서 가장 눈에 띄게 활동하는 브랜드 중 하나이다.

https://www.facebook.com/pages/Volki/151213160535

Volki 볼키

기하학무늬와 화사한 색감이 눈길을 사로잡는 목도리 & 담요. 생활에 활력을 불어넣어 준다.

©Óli Þórisson

©Matthias Árni Ingimarsson

등대에서 힌트를 얻어 디자인한 의자.

네덜란드 체류 중에 만난 엘리자베트와 올가.

이 책에 나오는 판매처

아우룸(42p), 흐림(44p)

싹싹한 성격이라
친해지기 쉬운 소룬.

Thorunn Arnadottir
소룬 아르나도티르

아이슬란드의 No.1 실력파 디자이너

런던의 빅토리아 앤 알버트 박물관과 밀라노의 트리엔날레 디자인 미술관에서 전시하고, 2013년 아이콘 매거진(디자인·건축 잡지)의 '전도유망한 실력파 아티스트 50'에 뽑힌 디자이너다.

2014년에 출시한 고양이 캔들 '파이로 펫(Pyro Pet)'은 현재 전 세계적으로 선풍적인 인기를 얻고 있다. 아프리카인의 시간관념에서 모티브를 얻은 '사사 클락(Sasa Clock)' 등 매번 독창적인 아이디어로 놀라움을 선사한다.

http://www.thorunndesign.com

이 책에 나오는 판매처

스파크 디자인 스페이스(32p), 아우룸(42p), 흐림(44p)

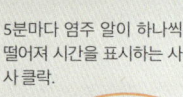
5분마다 염주 알이 하나씩 떨어져 시간을 표시하는 사사 클락.

양초가 녹으면 안에서 심술 궂은 해골이 나타나는 파이로 펫.

©Axel Sigurðarson

©Matthew Booth

사사 클락은 목걸이로도 활용할 수 있다.

Hugdetta 후그데타

물고기 가시가 예상치 못한 작품으로 다시 태어난다.

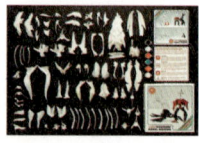
썸싱 피시 키트의 구성.
©Karl Petersen

신감각의 성인용 플라모델이 인기

로스힐두르와 스나이브룐 부부가 2008년에 론칭한 디자인 브랜드. 50개 이상의 물고기 가시와 그림 도구가 동봉된 플라모델 키트 '썸싱 피시(Something Fishy)'의 독특한 발상이 순식간에 화제를 모았다. 장난감이 없던 시절에 아이슬란드 아이들이 가축 뼈와 물고기 가시를 가지고 놀던 것에서 힌트를 얻었다고 한다. 일상의 소소한 재료가 아름다운 예술 작품으로 재탄생하는 과정을 볼 수 있다. 부부는 의자와 소파 등 가구 제작도 활발히 하고 있다.

http://www.hugdetta.com

이 책에 나오는 판매처

스파크 디자인 스페이스(32p)

아이슬란드 건축계의 거장

20세기 아이슬란드를 대표하는 건축가 구드욘 사무엘손은 1887년에 태어났다. 화산의 나라 아이슬란드에는 마그마가 냉각되면서 형성된 주상절리와 빙하에서 흘러내리는 거센 폭포 등 대자연에 예술적 모티브가 가득하다. 구드욘 역시 자연에서 영감을 받아 작품을 디자인한 것으로 유명하다.

할그림스키르캬 교회(22p)를 비롯하여 레이캬비크 시내에서 볼 수 있는 상징적인 건축물 대부분이 구드욘의 손을 거쳐 탄생했다. 레이캬비크 거리를 여유롭게 산책하며 그의 작품들을 감상해보자.

Þjóðleikhúsið   MAP[14p, B-2]
쇼들레이크후시드

1950년에 문을 연 국립 극장. 건물 외관과 정면 입구의 오브제는 현무암 주상절리를 형상화한 것이다. 아이슬란드 요정의 성처럼 생긴 외관이 비현실적 세계로 들어가는 극장이라는 공간과 잘 어울린다.

연극을 좋아하는 아이슬란드인들이 자주 찾는 극장.

빨간색 카펫도 구드욘이 직접 고른 것이다.

시내에서 볼 수 있는 구드욘의 건축물

Landakotskirkja   MAP[12p, B-2]
란다코트 대성당

1929년에 지어진 네오고딕 양식의 가톨릭 성당. 중세 시대의 성처럼 낭만적인 분위기가 흐른다.

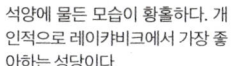

석양에 물든 모습이 황홀하다. 개인적으로 레이캬비크에서 가장 좋아하는 성당이다.

스테인드글라스 탑이 늘어선 측면이 장관이다.

Hótel Borg   MAP[13p, B-3]
호텔 보르그

1930년에 오픈한 아르데코풍의 고급 호텔. 국회의사당과 트요르닌 호수 바로 옆에 위치한다.

(왼쪽) 여름이면 호텔 바로 앞 잔디밭에서 현지인들이 일광욕을 즐긴다. (오른쪽) 1930년에서 시계가 멈춘 듯한 로비.

Háskóli Íslands   MAP[12p, B-2]
국립 아이슬란드대학

1911년에 창립한 아이슬란드 최대의 고등교육기관으로 1940년에 구드욘이 설계한 현재의 캠퍼스로 이전했다. 학생들 틈에서 캠퍼스 안을 산책하며 색다른 경험을 만끽하자.

예술대학의 프로젝트

업종의 장벽을 뛰어넘은 콜라보레이션

아이슬란드는 인구수 약 33만 명이라는 작은 규모 때문인지, 처음 만나는 사람과 대화하다 보면 공통의 지인이 등장하여 어느새 예전부터 알고 지내던 사이처럼 친숙해진다. 그런 사회적 배경을 바탕으로 아이슬란드에서는 다른 업종 간의 콜라보레이션이 활발하게 이루어지고 있으며, 디자인 업계에서도 비슷한 풍조를 볼 수 있다. 여기서는 아이슬란드아카데미 수업의 일환으로 진행된 콜라보레이션 프로젝트 두 가지를 소개한다.

사이즈가 커서 (길이 약 5cm) 포만감이 드는 스키르 콘펙트 (405ISK~).

©Vigfús Birgisson

The Designers and Farmers
디자이너스 앤 파머스

'아이슬란드의 지역과 문화, 그곳에서 탄생한 상품의 가치를 재탐색하자'는 움직임이 있던 2007년에 시작된 디자인 & 농업계 콜라보레이션 프로젝트다. 프로젝트를 기획한 사람은 아카데미 제품 디자인 학과의 교수이자 현재는 스파크 디자인 스페이스 (32p)의 경영자인 시그리두르, 같은 학과를 졸업한 비크 프룐스도티르(204p)의 디자이너 브린힐두르와 구드핀나 세 사람이다. 그들의 지도로 학생들이 농촌과 협업하여 맛과 품질, 포장 디자인이 뛰어난 상품을 개발했다.
루바브에 캐러멜을 입힌 '루바르 캐러멜'과 스키르 (59p)에 화이트 초콜릿을 입힌 '스키르 콘펙트'가 탄생하여 현재 프루 뢰이가(89p)와 기념품점에서 판매하고 있다. 지금껏 1차 산업 종사자로서 유유와 허브를 생산했던 농가에서 가공, 포장까지 일련의 과정에 관여함으로써 본업에 대한 의욕이 고취되었다.

스키르 콘펙트는 프루 뢰이가에서도 판매한다.

길고 가느다란 루바브 캐러멜(820ISK~)은 직접 깨뜨려서 먹는다.　©Áslaug Snorradóttir

Rendez-Wood?
란데우드?

아이슬란드는 개척 시대의 무분별한 벌목과 방목, 한랭한 기후 때문에 나무가 드물다. 하지만 몇 세대에 걸쳐 노력해온 결과, 동부 지역을 중심으로 곳곳에서 숲을 볼 수 있게 되었다. '란데우드?'는 아이슬란드에서 자란 나무의 새로운 가능성을 발굴하기 위하여 아카데미의 제품 디자인학과와 아이슬란드 삼림연구소가 공동으로 진행한 프로젝트다.

'디자이너스 & 파머스'를 추진한 멤버 중의 한 명인 구드핀나와 동 대학을 대표하는 교수들의 지도하에 학생들이 아이슬란드산 사시나무와 자작나무로 아웃도어 관련 아이디어 상품을 제작했다. 아름다운 나무 상자가 여행지에서 지열 빵을 만드는 도구로 변신하는 '곤 베이킹', 깨끗한 천연수에 직접 딴 야생 허브와 열매를 으깨서 풍미를 더하는 '인퓨즈' 등 아이슬란드만의 발상에 무심코 탄성이 터져 나온다.

빵 반죽을 넣고 지열 지대에 묻어두면 지열 빵이 완성되는 곤 베이킹.

©Björk Gunnbjörnsdóttir

프루 뢰이가에서 판매하는 지열 빵. 아이슬란드어로 크베라브뢰이드(Hverabrauð).

©Katrín Magnúsdóttir

아이슬란드의 자연을 미각으로 만끽할 수 있는 인퓨즈.

메이드 인 아이슬란드 상품은 아이슬란드인의 자부심!

Hring Eftir Hring 흐링 에프티르 흐링

소녀 감성이 느껴지는 액세서리

2009년 스테이눈 발라가 론칭한 '순환'을 의미하는 액세서리 브랜드. 취미로 만들어 친구에게 선물한 액세서리가 순식간에 입소문을 타면서 지금은 아이슬란드의 어느 디자인 숍에서나 볼 수 있는 인기 브랜드가 되었다. 스테이눈이 직접 디자인한 점토와 세라믹 소재의 액세서리, 다른 아이슬란드인 아티스트와 콜라보레이션한 상품들을 선보인다. 세월이 흘러도 바래지 않는 사랑스러운 액세서리를 만들겠다는 의지가 담겨 있다.

http://www.hring.is

이 책에 나오는 판매처

아우룸(42p), 미린(45p)

화사한 색상의 구슬로 엮은 Summer Time 목걸이.

따뜻한 나뭇결이 포인트인 팔찌.

서양 물푸레나무로 만든 목제 리본 반지.

꾸밈없는 성격의 인가. 매장에서 만나면 인사하자.

Hringa 흐린가

시선을 사로잡는 올빼미 목걸이. ©María Rúnarsdóttir

디테일에 심혈을 기울인 독특한 모티브

스페인에서 주얼리 디자인을 공부한 인가 바크만이 론칭한 브랜드. 친환경 의식이 높은 그녀는 모든 제품에 재활용된 은을 사용한다. 'Hringa'라는 이름은 '반지를 만들다'라는 뜻과 '사물이 순환하다'라는 두 가지 의미를 내포한다. 레이캬비크의 거리와 자연, 바르셀로나에서 지냈던 시간이 아이디어의 원천이며 곤충, 올빼미, 물고기 등의 독특한 디자인이 아이슬란드의 크리에이터들 사이에서 큰 인기를 얻었다. 2008년에는 뢰이가베구르 거리에 가게를 오픈했다.

http://hringa.com

앤티크 진열장 안에서 빛나는 액세서리. © Nanna Dís

흐린가   MAP[15p, B-3]
📍 Laugavegur 33, 101 Reykjavík
☎ (354) 551-1610
🕐 10:00~18:00(토요일 ~17:00)
　일요일 및 일부 공휴일 휴무

Kria jewelry 크리아 주얼리

전 세계 셀러브리티가 열광하다!

10대에 뉴욕으로 이주하여 스타일
리스트로 활약한 요한나 메트후살
렘스도티르가 출시한 주얼리 브랜
드. 아이슬란드의 모래사장에 쓰러
져 있던 크리아(극제비갈매기, 남
극과 북극을 오가는 새)의 뼈에서
영감을 얻어 2006년 첫 번째 컬렉
션을 발표했다. 가녀리면서도 개성
적인 주얼리는 길이가 다른 제품
을 여러 개 겹쳐서 연출하면 더욱
빛을 발한다.
http://kriajewelry.com

크리아의 발가락을
형상화한 은목걸이.

브랜드 모델은 요한
나의 딸 크리아.

©Elisabet Davids

현지인들의 레이어드 아이템. 조금씩 모으는 것이 유행
이다.

이 책에 나오는 판매처

아우룸(42p), 미린(45p)

Orri Finn Design 오르리 핀 디자인

닻이 달린 가죽 & 은 소재의
팔찌. 산화은으로 은근한 멋
을 완성했다.

닻이 새겨진 은반지.

풍뎅이와 날개가 달린
은목걸이.

정교한 기술과 날카로운 감성이 빛나다

뉴욕의 유명한 주얼리 브랜드 티파니에서 보석
세팅 전문가로 경력을 쌓은 오르리 핀보가손이
아이슬란드로 귀국한 후 주얼리 숍의 홍보 담당
으로 일하던 헬가 프리드리크스도티르와 협심
하여 론칭한 주얼리 브랜드. 선박의 닻, 풍뎅이
를 형상화한 개성적인 컬렉션과 금을 꼬아서 만
든 컬렉션 등 독창적인 디자인과 장인의 솜씨가
빛을 발한다.
https://www.facebook.com/
pages/Orri-Finn-design/232567998057

이 책에 나오는 판매처

미린(45p)

오르리 핀 디자인　　　　　　MAP[14p, B-2]
📍 Skólavörðustígur 17a, 101 Reykjavík
☎ (354) 661-5098
🕐 공방이라서 영업시간은 미정. 전시된 주얼리를
구입할 수 있다.

가벼우면서도 따뜻한 캐시미어 망토.

로파페이사 느낌의 카디건. 빙하 무늬가
살짝 보인다.

리넨 소재의 원피스와 손뜨개 목도리.

'Grandpa sweater & pants'라는 이름의
상하의.

아이와 함께 성장하는 옷

2011년 오랜 친구 사이인 구드룬, 그레타, 마리아 세 사람이 론칭한 키즈 브랜드다. 한 스웨터가 여러 나라의 어린이들에게 입히다가, 때로는 엄마들 손에 사이즈가 바뀌다가 아이슬란드에 있는 아이에게 되돌아왔다는 실화에서 영감을 얻었다. 패스트 패션 풍조와는 대조적으로 품질이 좋은 옷을 몇 세대, 몇 가족에게 물려주며 오랫동안 입을 때 생겨나는 '애착'을 아이들에게 전한다는 슬로우 패션을 추구한다. 제품들은 모든 제조 과정에서 환경보호 의식과 공정무역을 바탕으로 만들어진다.
북유럽 특유의 심플한 디자인 속에 재치 있는 색감이 돋보이며, 알파카와 피마 코튼의 보드라운 촉감 덕분에 엄마들이 더 좋아하는 브랜드다.
http://aswegrow.is

이 책에 나오는 판매처

미린(45p), 블루 라군(176p)

아이슬란드 울 100% 스웨터.

Milla Snorrason 밀라 스노라손

커다란 눈이 그려진 회색 니트 모자가
귀엽다.

얼빠진 표정이 포인트인 울 스웨터. 핑
크와 네이비 두 가지 색상이 있다.
©Saga Sig

사라의 그림을
오려내어 면에
인쇄했다.

©Saga Sig

디테일에 신경 쓴 독특한 디자인

2009년 아이슬란드 아카데미의 패션 디자인학과를 졸업한 보르그힐두
르 군나르스도티르(애칭: 힐다)가 런던에서 인턴으로 근무한 후 아이슬
란드에 돌아와서 론칭했다.

2012년 F/W에는 힐다가 존경하는 구드욘 사무엘손(207p)의 건축물, 레
이캬비크 항구에 정박한 배와 해안선, 항구에서 바라본 산의 능선을 모
티브로 고향인 레이캬비크에 대한 사랑을 표현했다. 최신 컬렉션에서는
스티키스홀무르 출신 아티스트 사라 길리스의 그림에 영감을 받아 재미
있는 표정의 스웨터를 선보였다.

http://millasnorrason.com

이 책에 나오는 판매처

키오스크(50p)

Kron by KronKron 크론 바이 크론크론

크론크론　　　　　　　　　　MAP[15p, B-3]
📍 Laugavegur 63b, 101 Reykjavík
☎ (354) 562-8388
🕐 10:00~18:00(금요일 ~18:30, 토요일
~17:00), 일요일 및 일부 공휴일 휴무

가죽과 코르크 소재의 플랫폼 슈즈($565).
장식을 손으로 엮은 수제화.

여심을 사로잡는 옷

패션 디자이너 후그룬 아우르나도티르
와 헤어 스타일리스트 마그니 소르스테
인손 부부가 출시한 패션 브랜드. 두 사
람은 만난 해 레이캬비크 중심가에 작
은 슈즈 부티크 '크론'을, 2004년 해외
명품 브랜드를 한데 모은 편집숍 '크론
크론'을 오픈했다.

2008년 두 사람의 오리지널 컬렉션 '크
론 바이 크론크론'을 발표하고 2010년
에는 S/S 의상 컬렉션을 선보였다. 그 이
후 패션에 민감한 여성들 사이에서 끊
임없이 인기를 얻고 있다.

후그룬과 마그니의 전공 분야는 다르지
만, 대범한 색상을 좋아하는 공통점 덕
분에 주제를 정하지 않고 감성이 움직
이는 대로 개성을 발휘하고 있다.

http://kronkron.com

100% 실크 소재의
컬러풀한
드레스($299).

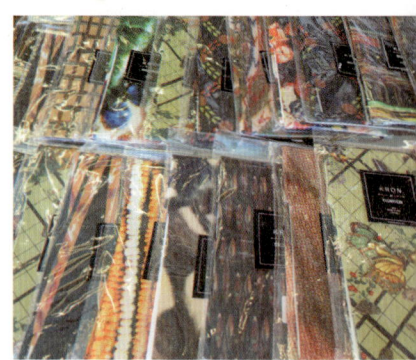

보기만 해도 마음이 설레는 구두. 특별한 날에 신
으면 좋을 듯.

아이슬란드의 풍경과 동화를 모티브로 한 레깅
스($70).

시판 고무 매트를 레이스처럼
단 스커트.

형태가 아름다운 모자도
마그네아의 디자인.

© Aldís Palsdóttir

야광 실을 섞어 넣은
아이슬란드 울 드레스.

Magnea 마그네아

아이슬란드 울의 새로운 가능성을 추구하다

2012년 런던예술대학 센트럴 세인트 마틴스
의 패션 디자인학과를 졸업한 마그네아 에이
나르스도티르가 아이슬란드로 귀국한 후 론
칭한 패션 브랜드. '전통적인 소재의 새로운
가능성 제안'을 주제로 아이슬란드 울과 고무
라는 이질적인 소재를 조합해서 만든 독특한
드레스가 화제를 불러일으켰다. 해외 미디어
에서도 주목하며 급부상 중이다.
http://m-a-g-n-e-a.com

판매처

홈페이지 참조

Sonja Bent 소냐 벤트

도트 무늬가 사랑스러운 키즈 카디건

2008년 소냐 벤트가 론칭한 브랜드. 아이슬란드 아카데미 패션 디자인학과
재학 시절부터 중요한 패션 프로젝트에 참여하여 2005년과 2006년에는 레
이캬비크에서 '꼼 데 가르송+354 게릴라 스토어'를 운영한 경험이 있으며, 졸
업 후에는 유럽 각국의 전시회로 활동 범위를 넓혔다. 폴카 도트 무늬가 사랑
스러운 어린이용 카디건은 소냐 벤트의 대표 아이템이다.
http://sonjabent.blogspot.jp

판매처

홈페이지 참조

메리노
울 100% 소재의
부드러운 카디건.

탈부착 가능한 리본은 셔츠에
달아도 예쁘다.

© Björg Vigfúsdóttir

디자이너의
집을 방문하다!

미소가 아름다운 스테이눈. 두 아들의 엄마.

개성적인 아이슬란드 디자이너들의 일상은 어떤 모습일까? 소녀 감성이 넘치는 여성들의 취향을 저격한 액세서리 브랜드 '흐링 에프티르 흐링'(210p), 그 디자이너 스테이눈의 집을 샅샅이 들여다보자!

"집에서 가장 좋아하는 공간이에요. 맑은 날 창문으로 내리쬐는 빛이 무척 따스해서 흔들의자에 앉아 책을 읽거나 음악을 들으며 여유로운 시간을 보내요. 흔들의자는 큰아들을 임신했을 때 무척 갖고 싶어 했던 것이에요. 마음에 쏙 드는 의자를 찾지 못하고 있었는데 새아버지이자 아이들의 할아버지인 무키가 손수 만들어주었죠. 금속성 나사와 풀을 전혀 사용하지 않고 나무를 끼워 조립했어요."

책을 쌓아서 수납과 인테리어 효과를 겸했다.

남편 생일에 선물한 책상. 아이슬란드에서 활동하는 미국인 디자이너 척 맥이 직접 제작한 것이다. 현재는 스웨덴의 '디자인 하우스 스톡홀름'이 디자인을 사서 조금 변형된 제품을 판매하고 있다.

"집 한구석에 있는 의자는 카레 클린트가 1933년에 디자인한 사파리 체어예요. 어렸을 때 이 의자에서 엄마가 머리를 묶어주었고, 친구와 남자 친구 이야기를 속삭이기도 했어요. 처음 매니큐어를 바른 것도 이 의자 위에서였어요. 엄마가 물려준 후 황록색 커버를 베이지색으로 갈아서 소중히 사용 중이에요."

두 아들이 학교에서 그리고 만든 작품들로 꾸민 선반.

진한 갈색 마루와 색을 맞춘 식기 선반. 모양이 다른 펜던트 조명은 길이도 언밸런스하게.

앤티크 피아노는 아이들이 좋아한다.

5

Iceland Column & Travel Information

알고 나면 새로운
아이슬란드와 여행 정보

부드럽고 강인한 아이슬란드의 여성들

남녀평등 지수 세계 1위인 아이슬란드. 세계 최초의 여성 대통령 비그디스 핀보가도티르(Vigdís Finnbogadóttir)가 선출된 일을 비롯하여 재계 임원 및 정계 의원의 여성 비율이 높은 것으로 유명하다. 위험을 무릅쓰려는 남성 기반 사회가 2008년 금융 파산의 한 원인이었다는 여론이 불거지면서 곧바로 주요 은행 CEO에 여성이 임명되기도 했다. 이처럼 여성들이 활약하는 사회에는 어떠한 환경이 갖춰져 있을까? 레이캬비크 중심가에서 주얼리 & 디자인 숍 아우룸(42p)을 운영 중인 구드뵤르그와 이야기를 나누었다.

Q 아우룸에서 어떤 일을 하나요?

A 아우룸의 디자인 숍은 국내외 다양한 디자인 제품들을 취급한다. 고객에게 늘 새로운 상품을 제공하기 위해 매년 해외 전시회를 찾아다닌다. 아우룸의 콘셉트와 어울리면서 아이슬란드에는 아직 출시되지 않은 아이템을 선별한다.

주얼리 숍에서는 매년 1~2회 새로운 컬렉션을 발표한다. 컬렉션에서 선보일 디자인 작업과 모델 제작에 주력하고 있다.

Q 평상시 하루 일과는 어떻게 되나요?

A 대개 오전 9시에 일을 시작해서 오후 4~6시에 끝낸다. 바쁠 때는 집에 돌아가서도 메일을 체크하거나 주얼리 디자인 아이디어를 수집한다.

구드뵤르그는 주얼리를 통해 아이슬란드의 자연을 표현한다.

Q 딸이 셋이나 있고 막내는 이제 막 두 살이 되었어요.
일할 때 지장은 없나요?

A 가족들의 도움이 크다. 바쁠 때는 첫째 딸(18세)이 막내를 유치원
에 데리러 가고 집에서도 돌봐주며 재택 근무하는 남편(아우룸의
공동 대표)이 장을 보고 요리를 한다. 급할 때는 부모님이 종종 도
와주신다. 아이슬란드의 많은 사람들이 그러하듯 부모님과 친척
이 가까이 살고 있어서 무슨 일이 생기면 의지할 수 있다.

눈의 결정을 모티브로 한 컬렉션 드리파
(Drífa)의 제작 과정.

사이좋은 다섯 식구. 왼쪽부터 카를로타
(차녀), 카를(남편), 잉기뵤르그(막내),
구드뵤르그, 아우스게르두르(장녀).

Q 흔히 '아이슬란드는 아이를 키우기에 좋다'고 해요.
그 이유는 무엇일까요?

A 건강하고 행복한 아이를 키우는 것이야말로 무엇보다 중요하다
는 가치관이 사회에 침투되어 있어서가 아닐까? 일례로 부부가
합해서 육아 휴직을 9개월간 쓸 수 있으며(3개월은 엄마, 3개월
은 아빠, 나머지 3개월은 상황에 따라 배분), 그동안 월급의 약
80%가 매월 지급된다. 동료와 상사에게 임신했다는 소식을 전
하면 다들 진심으로 기뻐해주고, 조산사와 긴밀한 커뮤니케이션
을 통해 엄마들은 자기 몸을 최우선으로 생각하며 근무할 수 있
는 환경이 조성된다. 육아 휴직 복귀 후에도 원래 일하던 자리로
돌아오는 것이 당연한 권리라서 아이가 아프거나 할 때 갑자기
회사를 빠지는 일도 어렵지 않다.
나라의 규모가 작으니 부모들은 하나의 대가족 공동체가 자신의
아이들을 보호해주고 있다는 느낌을 받는다. 엄마들은 카페에
있는 동안 아기가 잠들어 있는 유모차를 밖에 내놓는다. 공동체
를 신뢰하고 있기 때문에 가능한 행동이라고 생각한다.

에어웨이브 공연장 입구에 놓인 유모차.
아기들이 쌔근쌔근 잠들어 있다.

Gudbjörg Kristín Ingvarsdóttir
구드뵤르그 크리스틴 잉바르스도티르

코펜하겐과 레이캬비크에서 금세공 기술과 주얼리 디자인을 배운 후 1999년 주얼리 브랜드 '아우룸'
을 론칭했다. 아이슬란드와 해외에서 개인전과 단체전을 통해 그녀의 세련된 주얼리가 주목받기 시작
했다. 2000년 세인트 피터스버그에서 개최된 주얼리 경연 대회에서 'Spirit of the North'를 받았고,
2002년 아이슬란드의 유력지 DV로부터 컬처 어워드를, 2008년 비주얼 아트 어워드를 수상했다. 그
녀가 경영하는 아우룸은 2011년에 레이캬비크 시가 선정하는 '숍 오브 더 이어'로 뽑혔다.

전통 가옥 터프 하우스

터프 하우스(turf house)란 지붕이 잔디로 뒤덮인 집을 뜻한다. 터프 하우스의 역사는 아이슬란드로 이주가 시작된 9세기까지 거슬러 올라간다. 주재료는 잔디와 뼈대용 목재. 잔디는 단열 효과가 있어서 19세기까지 석탄·석유난로가 보급되지 않은 한랭한 아이슬란드에서 매우 중요한 자재였다. 또한, 혹독한 자연환경 때문에 나무를 구하기 힘들자 물에 떠내려가는 나무를 건져 목재로 사용했다. 재미있는 사실은 터프 하우스에 사용된 재료를 보면 그 집의 경제적 수준을 알 수 있다는 점이다. 유복한 목사의 집에는 바닥에 목재가 깔려 있으나 서민의 집에는 흙이 덮여 있다.

현재는 터프 하우스를 찾아보기 힘들지만, 레이캬비크 동쪽에 위치한 아우르바이르 야외 민속박물관이나 스코가르 박물관, 그뢰임바이르 등에서 옛 모습을 볼 수 있다.

잔디의 단열 효과를 활용한 전통적인 건축 양식. 민가는 물론 교회에도 사용되었다.

© Macsim | Dreamstime.com

Árbæjarsafn
아우르바이르 야외 민속박물관

아이슬란드 각지에서 옛날 교회, 오래된 민가 등 역사적인 건축물 20채 이상을 이축했다. 전통의상을 입은 직원들이 반겨주며 버터와 스키르 만들기, 조각 교실 등의 체험 프로그램을 제공한다.

📍 Kistuhyl 4, 110 Reykjavík ☎ (354) 411-6300
http://www.minjasafnreykjavikur.is
🕐 하절기 10:00~17:00, 일부 공휴일 휴무
　　동절기에는 가이드 투어만 진행(매일 13:00~, 예약 불필요)
🏛 어른 1,400ISK, 어린이(18세 이하) 무료
🚌 Mjódd에서 12, 24번 버스를 타고 Árbæjarsafn에서 하차(약 5분)
　　(Mjódd까지는 흘렘무르 버스 터미널에서 3, 11, 17번 버스로 20~30분)

집 안에 들어가서 당시의 생활상을 엿볼 수 있다.

🚐 스코가르 박물관(Skógasafn)은 스코가포스 (136p)에서 약 1분 거리에 떨어진 스코가르 (Skógar)의 마을이다.
그뢰임바이르(Glaumbær)는 아쿠레이리에서 1번 국도를 서쪽으로 달리다가 75번 국도로 좌회전한다(약 1시간 반). 스카가프요르두르 문화 박물관(Byggðasafn Skagfirðinga) 부지 내 위치한다.

© Kavram | Dreamstime.com

공동 주택인 '간가바이르(gangabær)'. 그뢰임바이르에서.

에너지와 친환경 의식

아이슬란드는 20세기 초반부터 지열을 활발하게 이용해왔다. 또한, 국토의 11%가 빙하라 강과 폭포가 많기 때문에 수력발전도 활성화되었다. 송전선이 연결되지 않은 그림세이 섬과 플라테이 섬을 제외한 전역에 수력발전(71%)과 지열발전(28.9%)으로 생산된 전력이 공급된다. 자동차는 아직 석유에 의존하고 있지만 메탄가스나 수소로 달리는 버스 및 승용차의 도입, 전기 자동차 보급을 위해 시내 충전소의 실치가 진행 중이다.

70% 이상을 차지하는 수력발전은 전력 생산 비용이 저렴하여 알루미늄정련 산업에 유리하다. 그러나 수력발전소를 건설하면 자연이 파괴되고, 실제로 이익을 얻는 것은 해외의 다국적 기업이라는 점 때문에 많은 아이슬란드인이 알루미늄정련 산업의 발전을 부정적으로 인식한다.

레이캬비크 시내에서 볼 수 있는 충전소.

 **추천 책**

《드뢰이말란디드(Draumalandið)》

2006년 작가이자 자연보호 활동가인 안드리 스나이어 마그나손이 집필한 책으로 알루미늄정련 산업의 유치가 활발하던 시기에 베스트셀러에 올랐다. 당시 정부가 아이슬란드의 자연을 헐값에 매각하는 현실을 국민들에게 고발하고 농업, 어업, 관광업을 비롯한 기존 산업의 혁명으로 경제 호전의 길을 모색하도록 촉구했다. 아직 국내에는 출간되지 않았다.

저자는 '개발의 대가로 자연을 잃는 것은 민족의 정체성을 잃는 행위'라고 주장한다.

Hellisheiðarvirkjun
헬리스헤이디 지열발전소

MAP[168p 위, B-1]

아이슬란드에서 가장 큰 지열 발전소이며 세계적으로도 최대 규모를 자랑한다. 관광객을 배려하여 주변에 산책로와 주차장을 완비했다. 11km 북쪽에 우뚝 솟은 헨길 화산의 지열을 이용한다.

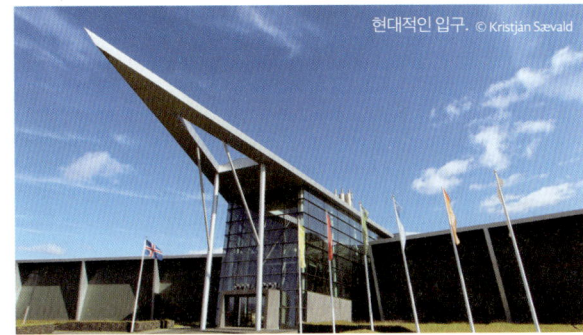

현대적인 입구. © Kristján Sævald

- Hellisheiði Power Plant, Hengill
- ☎ (354) 412-5800
- http://orkusyn.is/index.php/
- 9:00~17:00, 일부 공휴일 휴무
- 900ISK(16세 이하 무료)
- 레이캬비크에서 1번 국도를 타고 헨길(Hengill) 방면으로 약 20분

용암 대지에 서 있는 광대한 헬리스헤이디 지열발전소.

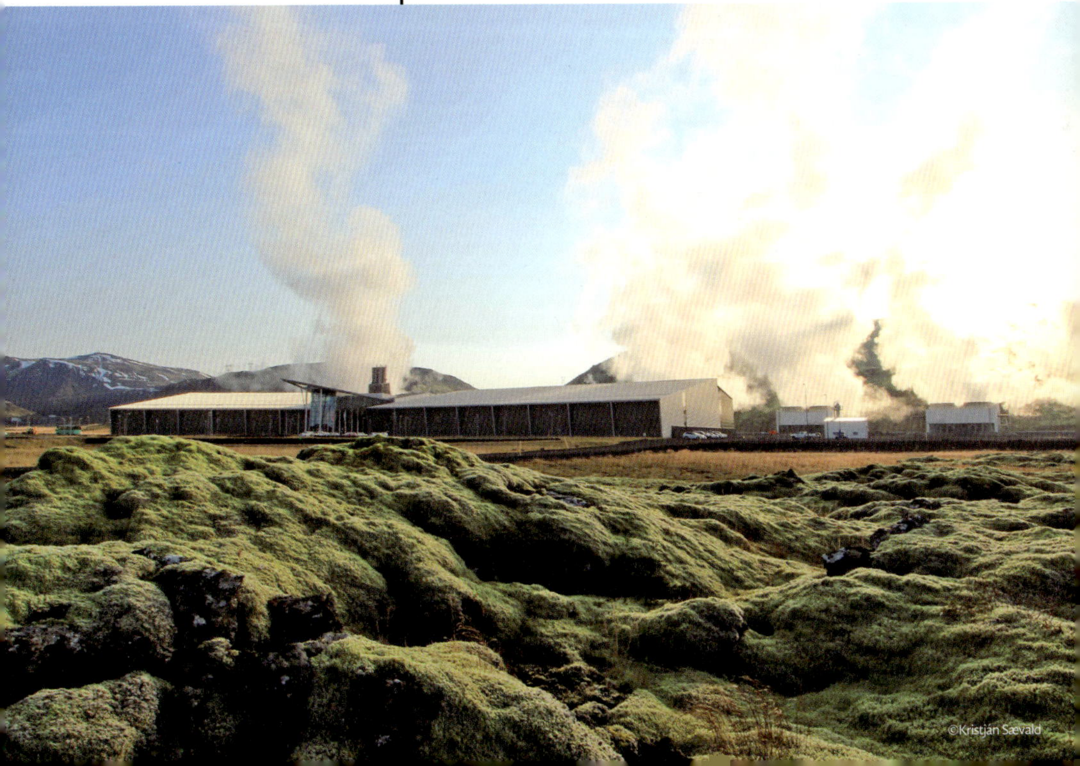

©Kristján Sævald

아이슬란드 여행 정보

한국에서 아이슬란드로

우리나라에서 아이슬란드로 가기 위해서는 레이캬비크 시외의 케플라비크 국제공항을 이용해야 한다. 비행기 직항이 없기 때문에 유럽의 각국을 경유해 들어가는 수밖에 없다. 노르웨이, 덴마크, 독일, 영국, 네덜란드 등 북유럽(또는 가까운) 국가를 통하는 것이 좋다. 가장 추천하는 방법은 핀란드를 통해 입국하는 것이다. 핀란드 국영 항공사인 핀에어와 아이슬란드에어는 협력 항공사이므로 한 번에 예매가 가능하며, 수화물 또한 연계가 된다. 인천에서 핀란드 헬싱키까지 9시간, 헬싱키에서 레이캬비크까지 3시간 25분 정도 걸린다.

공항에서 시내 가는 법

버스

케플라비크 국제공항에서 레이캬비크 시내까지 자동차로 약 50분 걸린다. 비행기 운항 스케줄에 따라 공항버스도 운행된다. 현재 그레이 라인 아이슬란드(Gray Line Iceland)와 레이캬비크 익스커션(Reykjavik Excursions) 두 회사에서 공항버스를 운영 중이다. 티켓은 온라인으로 예매할 수 있으며 공항에서 도착 출구를 빠져나온 후 오른쪽 전방의 서비스 카운터에서도 구입할 수 있다.

블루 라군까지는 레이캬비크 익스커션의 정기 버스로 약 20분(왕복 3,600ISK). 블루 라군에서 레이캬비크로 가는 버스도 있다.

◎ Gray Line Iceland(Airport Express)
http://www.airportexpress.is
※ 시내 주요 호텔까지 편도 2,400ISK, 왕복 4,400ISK

◎ Reykjavik Excursions(Flybus)
https://www.re.is/flybus/
※ 정류장은 터미널에서 약 100m
※ 시내의 BSÍ 버스 터미널까지 운행하는 Flybus(편도 1,950ISK, 왕복 3,500ISK)와 BSÍ를 경유하여 호텔까지 운행하는 Flybus plus(편도 2,500ISK, 왕복 4,500ISK)가 있다.

택시

공항버스보다 비싸지만 시간을 절약하고 싶다면 택시를 이용하자(공항버스는 비행기 도착 30~40분 후에 출발). 도착 터미널을 빠져나오면 바로 택시 승강장이 있다(레이캬비크 시내까지 12,000ISK~).

주류 구입은 공항에서!

아이슬란드는 주류에 고액의 세금이 붙기 때문에 많은 사람들이 케플라비크 국제공항에서 수화물을 찾기 전 면세점에 들러 맥주나 와인 등을 한꺼번에 구입한다. 시내 주류 매장보다 30% 이상 저렴한 가격으로 구입할 수 있다.

※ 1인당 구입 한도(아래 항목 중 하나)
◎ 증류주(1L), 와인(1L), 맥주(6L)
◎ 와인(3L), 맥주(6L)
◎ 증류주(1L), 맥주(9L)
◎ 와인(1.5L), 맥주(9L)
◎ 맥주(12L)

카풀로 떠나는 자동차 여행!

해외에서 운전하기 불안하거나 예산을 절약하고 싶은 사람, 여행 친구가 필요한 사람은 목적지까지 카풀을 이용하는 것도 좋은 방법이다.
http://www.samferda.net

비행기

레이캬비크 시내의 사립 아이슬란드대학(MAP[13p, C-3]) 바로 옆에 위치한 레이캬비크 공항에서  아이슬란드의 주요 지역(아쿠레이리, 이사프요르두르, 에이일스타디르, 효픈, 웨스트만 제도)까지 국내선이 운항된다. 그린란드행, 페로 제도행 국제선도 이곳에서 출발한다.

◎ 아이슬란드에어 **https://www.airiceland.is**
◎ 이글에어 **http://www.eagleair.is**

렌터카

여름에 떠나는 여행이라면 렌터카 이용을 추천한다. 장소마다 다르긴 하지만 교외는 도로가 넓어서 운전이 수월한 편이다. 주로 수동 차량이며 오토매틱은 조금 비싸다. 운전을 시작하기 전에 도로 폐쇄 정보와 같은 교통 상황, 날씨 예보, 아이슬란드의 교통 법규를 아래의 홈페이지에서 확인하자.

또한, 겨울에는 도로가 얼어붙거나 악천후로 인해 시야가 제한되므로 운전에 주의하자. 내륙 지방에는 사륜구동차가 아니면 접근이 불가한 곳도 있기 때문에 인포메이션 센터 등에서 사전에 정보를 입수하여 철저히 준비해야 한다.

여러 렌터카 회사가 있지만 보험에 가입되어 있지 않은 차를 빌려준 곳이 적발된 사례도 있으므로 비싸더라도 안심할 수 있는 큰 회사(Budget, Europcar 등)를 이용하는 것이 좋다.

◎ Budget **http://www.budget.is**
◎ Europcar **http://www.europcar.is**

렌터카 이용 시 체크해야 할 홈페이지
◎ IRCA(아이슬란드 도로 해안 관리국)
http://www.road.is (☎1777)
◎ Veðurstofa Íslands(아이슬란드 기상청)
http://www.vedur.is
◎ safetravel.is(세이프트레블 푼투르 이스)
http://www.safetravel.is

주행 시 규칙
◎ 편도 2차선의 경우 추월 차선은 좌측. 도로 중앙에 실선이 그어져 있으면 그 구간 추월 금지(점선은 OK).
◎ 로터리에서는 서클 안쪽을 달리고 있는 차에 우선권이 있다. 통행이 끊어졌을 때 진입한다. 첫 번째 출구로 빠져나갈 때는 바깥 차선으로, 두 번째 이후 출구로 나갈 때는 안쪽 차선으로 진입한 후 나갈 때 우측 깜빡이를 켜서 다른 차에 신호를 준다.
◎ 위장 순찰차 및 자동 속도 측정기로 속도위반 단속을 철저히 하므로 교통 법규에 신경 써야 한다.
◎ 항상 헤드라이트를 켜고 운전한다.
◎ 탑승자 전원 안전벨트를 착용한다.
◎ 음주운전 및 주행 중 휴대전화 사용은 위법이다.
◎ 법정 속도 시내 50km/h, 교외 비포장도로 80km/h, 교외 아스팔트 도로 90km/h.
◎ 오프 로드에서의 주행은 법률로 금지되어 있다(오프 로드란 자갈길 등의 비포장도로가 아니라 도로가 아닌 곳을 의미). 도로가 아닌 곳에서 주행하면 벌금의 대상이 되므로 요주의!

투어리스트 인포메이션 센터
Tourist Information Center　　　MAP[14p, A-1]

시내 중심부의 잉골프스토르그 광장(Ingólfstorg) 앞에 위치한 흰 건물. 각종 관광 자료와 지도가 구비되어 있으며 렌터카, 투어, 호텔의 예약 및 면세 환급 수속이 가능하다. 레이캬비크 시티 카드(228p)도 판매한다. 2층 '게이시르 비스트로 바'에서는 고래 햄버거를 맛볼 수 있다.

♀ Aðalstræti 2, 101 Reykjavík　☎ (354) 590-1550
http://www.visitreykjavik.is/travel/
tourist-information-centre
⏲ 하절기(6/1~9/15) 8:30~19:00
　동절기(9/16~5/31) 9:00~18:00
　(토요일 ~16:00, 일요일 ~14:00),
　일부 공휴일 휴무

주유

셀프 주유소가 일반적이다. 신용카드를 넣고 비밀번호를 입력한 후 주유량을 선택한다. 꽉 차면 자동으로 멈추고 주유된 양만큼 금액이 청구된다. 디젤차의 경우 'Dísel', 그 외에는 '95oktan'을 선택한다. 주유 후 가게 안에서 계산하는 시스템도 있다. 그 경우 계산대 직원에게 사용한 주유기의 번호를 말한다.

버스

레이캬비크 시내에는 장거리 버스 터미널인 BSÍ(민간 투어 회사 버스의 거점)와 대중 버스 터미널인 흘렘무르, 묘드(Mjódd, MAP[13p]보다 남쪽)가 있다. 대중 버스 스트라이토(Strætó)의 수도권(레이캬비크, 코파보구르, 가르다바이르, 하프나프요르두르, 모스펠스바이르) 운행 시간은 6:30~24:00이다. 티켓 종류는 1회권(400ISK), 9회권(3,500ISK) 및 수도권에서만 사용 가능한 1일권(1,000ISK), 3일권(2,500ISK)이 있다. 교외 운임은 목적지에 따라 달라진다. 티켓은 흘렘무르 버스 터미널, 크링란 쇼핑몰, 각종 지열 수영장, 슈퍼마켓 '10-11' 등 레이캬비크 시내의 열한 개 거점에서 살 수 있다. 승차 시에는 1회권만 구입할 수 있으며 잔돈을 딱 맞게 준비해야 한다.

수도권에서 환승할 때는 처음 버스 승차 시 운전사에게 환승 여부를 말하면 그다음 버스를 무료로 승차할 수 있는 환승 티켓을 발행해준다(75분간 유효). 버스 터미널과 인포메이션 센터에서 노선도를 배포하고 있으며, 대중 버스 홈페이지에서 출발지와 목적지를 입력하면 환승 정보 및 노선 번호를 확인할 수 있다. 북부, 남부, 서부, 동부 방면으로 향하는 대중 버스도 있지만 운행 빈도가 낮으므로 시간 여유가 없는 여행자에게는 적합하지 않다.

◎ Strætó(대중 버스) **http://www.bus.is**
◎ BSÍ(장거리 버스) **http://www.bsi.is**

대중 버스 정류장에 'S' 마크가 있다.

택시

조금 비싸지만 목적지까지 확실하게 이동할 수 있다. 시내의 택시 승강장에서 24시간 택시가 잡힌다. 기본요금은 660ISK부터, 2km 이후 1km마다 205ISK가 가산된다. 미터식이므로 금액이 명료하다.

※ 크리스마스와 같은 공휴일, 심야, 교외 이동은 기본요금 및 1km당 주행요금이 비싸진다.

레이캬비크 시내에서 주차하는 법

주차 위반 단속이 철저하여 잠시 주차한 사이 앞 유리에 주차 딱지가 붙기도 한다. 벌금은 약 1,400~20,000ISK이고 은행에서 납부한다. (3일 이내 납부 시 할인) 요금은 P1~P4 구역에 따라 상이하며 시내 중심부의 P1 구역이 가장 비싸다. 티켓 발매기는 대부분 신용카드를 사용할 수 있으나 현금으로 계산해야 하는 기계도 있다. 요금을 먼저 정산한 후 발매기에서 인쇄된 티켓을 관리인의 눈에 띄는 계기판 위에 올려둔다.

◎ 주차 요금을 반드시 지불해야 하는 시간대 / P1~3: 월~금요일 9:00~18:00, 토요일 10:00~16:00, 일요일 무료 / P4: 월~금요일 8:00~16:00, 주말 무료.

유용한 카드 & 패스포트

레이캬비크 시티 카드(The Reykjavík City Card)
레이캬비크에 체류하는 여행객을 위한 추천 카드. 하프나르후스, 캬르발스타디르를 포함한 시내의 여러 미술관과 갤러리에 무료 또는 할인된 가격으로 입장할 수 있다. 수도권의 대중 버스를 무제한으로 탈 수 있으며 비데이 섬행 페리 및 시내 온천(지열 수영장)도 무료로 이용 가능하다. 그밖에도 일부 레스토랑, 카페, 투어 요금의 할인 혜택이 있다.
http://www.visitreykjavik.is/travel/reykjavik-city-card

어른 : 24시간 3,300ISK, 48시간 4,400ISK, 72시간 4,900ISK
어린이 : 24시간 1,200ISK, 48시간 2,300ISK, 72시간 3,000ISK
※ 어린이는 6~18세, 6세 미만 무료.

아이슬란드 온 유어 온(Iceland On Your Own)

레이캬비크 익스커션에서 제공하는 서비스. 일정 기간 내 일정 루트의 버스를 자유롭게 이용할 수 있다. 아이슬란드를 일주하고 싶은 사람들을 위한 '서클 패스포트', 내륙의 인기 자연 명소를 방문하고 싶은 사람들을 위한 '콤보 패스포트', 남해안을 중점적으로 둘러보고 싶은 사람들을 위한 '뷰티풀 사우스 패스포트' 등 지역별 버스 패스포트가 있다.

https://www.re.is/iceland-on-your-own

자연 명소 찾아가는 법

아이슬란드의 백미인 자연경관을 만나려면 투어를 신청하거나 레이캬비크에서 렌터카로 이동, 또는 비행기로 이동한 후 현지에서 렌터카를 빌리는 방법 등 다양한 선택지가 있다. 날씨, 예산, 시간을 고려하여 가장 안전한 방법을 선택하자. 투어를 신청하려면 아래 회사를 추천한다.

골든 서클, 스나이펠스네스 반도, 남부 / 비크 방면

◎ Gray Line Iceland
⚐ Hafnarstræti 20, 101 Reykjavík ☎ (354) 540-1313
http://grayline.is

◎ Reykjavik Excursions
⚐ BSÍ Bus Terminal, 101 Reykjavík ☎ (354) 580-5400
https://www.re.is

북부 / 아쿠레이리 방면

◎ SBA-NORÐURLEIÐ
⚐ Hjalteyrargata 10, 600 Akureyri
☎ (354) 550-0700
http://www.sba.is

◎ SAGA TRAVEL
Kaupvangsstræti 4, 602 Akureyri ☎ (354) 558-8888
http://www.sagatravel.is

서부 / 이사프요르두르 방면

◎ West Tours
⚐ Aðalstræti 7, 400 Ísafjörður ☎ (354) 456-5111
http://www.westtours.is

돈

신용카드

아이슬란드는 철저한 카드 사회라서 어디서든 체크카드나 신용카드 한 장으로 결제할 수 있다. 혹시 카드가 없다면 아이슬란드에 오기 전 발급받는 것이 편리하다. 대부분의 카드(VISA, MasterCard, JCB, AMEX)가 통용되지만 가장 널리 쓰이는 것은 VISA 카드다. 만일을 위해 다른 종류로 두 장을 준비하는 편이 좋다. 참고로 아이슬란드에는 팁 문화가 없다.

현금

통화 단위는 아이슬란드 크로나(Íslensk króna), 약칭은 ISK(Krónur는 Króna의 복수형이다). 500, 1,000, 2,000, 5,000, 10,000ISK 지폐와 1, 5, 10, 50, 100ISK 동전이 있다. 2,000ISK 지폐에는 요하네스 캬르발(31p)과 그의 작품이, 500ISK 지폐에는 아이슬란드 독립의 아버지 욘 시구르드손이 그려져 있다. 동전에는 어업 강국답게 각기 다른 바다 생물들이 새겨져 있다(1ISK는 대구, 5ISK는 돌고래, 10ISK는 열빙어, 50ISK는 게, 100ISK는 럼피시).

카드가 있으면 현금은 거의 쓸 일이 없지만, 대중 버스를 탈 때는 현금을 내야 하므로 환전하는 편이 좋다(버스 다회권은 카드로 구입 가능).

환전

국내에서 유로(또는 달러, 파운드 등)로 환전한 후 현지에서 아이슬란드 크로나로 환전해야 한다. 케플라비크 국제공항 도착 출구 쪽에 있는 랜즈뱅키 은행(Landsbankinn)공항출장소(◎ 5:00~익일 2:00) 또는 길거리에 있는 아이슬란드 은행에서 환전하자. 일부 호텔에서 환전을 해주기도 한다.

▶ **Tax Free 절차**

아이슬란드의 부가세는 24%(식품, 서적 등은 11%)다. 점포에 진열된 상품은 세금이 포함된 가격이다. Tax Free 마크가 있는 곳에서 6,000ISK 이상 구입한 경우 최대 14%까지 환급받을 수 있다.
① 상품 구입 시 받은 면세 서류에 이름, 주소, 여권 번호, 신용카드 번호 등의 정보를 기입한다. 서류를 요청하지 않으면 발급해주지 않는 곳도 있으므로 주의할 것.
② 환급액이 5,000ISK를 초과할 경우(구매액 아님), 케플라비크 국제공항의 세관 창구에서 면세 서류에 스탬프를 받아야 한다. 그때 구입한 상품을 제시해야 하므로 트렁크에 넣지 말고 손에 들고 있는 것이 좋다. 환급액이 5,000ISK를 넘지 않으면 스탬프를 받지 않아도 된다.
③ 2층의 보안 검색대를 통과한 후 Tax Free 사무실에 가서 면세 서류를 제시하면 신용카드 계좌로 환급받을 수 있다. 사무실에 들를 시간이 없다면 봉투에 넣어 귀국 후 보내는 것도 가능하다. 전용 봉투를 사용하면 우표를 붙이지 않아도 되므로 면세 서류와 함께 받아두도록 한다.

레이캬비크 시내의 투어리스트 인포메이션 센터에서도 아이슬란드 크로나로 현금 환급을 받을 수 있다. 하지만 이때도 출국 시 공항에서 면세 서류를 우체통에 넣어야 한다. 세관에서 스탬프를 받는 절차는 ②와 동일. 이 절차를 생략하면 벌금이 부과된다.

통신 수단

인터넷
인터넷 보급률 세계 최고 수준을 자랑한다. 대부분의 카페에서 와이파이를 무료로 이용할 수 있다. 패스워드가 설정되어 있다면 직원에게 문의하자.

전화
국제 전화
한국에서 아이슬란드로 전화를 걸 경우, 각 통신사별 국제 전화번호(001, 002, 00700 등) + 354(아이슬란드 국가번호) + 전화번호를 누르면 된다. 아이슬란드에서 한국으로 전화를 할 경우에는 각 통신사별 국제 전화번호(001, 002, 00700 등) + 82(대한민국 국가번호) + 전화번호를 누르면 된다. 이때 전화번호(지역 번호 및 휴대전화 번호) 앞자리의 0은 빼고 누른다(예: 010의 경우 10, 02의 경우 2만 입력).

국내 전화
아이슬란드에는 지역 번호가 없어서 국내 전화는 모두 7자리다. 레스토랑 등을 예약할 때 7자리 번호만 누르면 된다.

전압과 플러그

아이슬란드의 전압은 다른 유럽 국가들과 마찬가지로 220V/50Hz. 플러그 모양이 우  리나라와 동일하므로 국내의 전자제품을 그대로 사용할 수 있다.

물

수돗물을 마셔도 무방하다. 오히려 단맛이 나서 맛있는 편이다. 온수에는 유황성분이 포함되어 있으니 예민한 사람은 슈퍼마켓에서 생수를 사서 마시자.

화장실

레이캬비크 시내에서는 카페와 레스토랑(식음료 이용 시)은 물론 서점에서도 화장실을 무료로 사용할 수 있다. 자연 명소 주변이라면 방문자 센터나 카페의 화장실을 사용할 수 있지만 유료인 곳도 있으니 동전을 준비하는 것이 좋다(예: 싱벨리르 화장실 200ISK). 카페나 화장실이 없는 관광지도 있으므로 미리 확인하자.

치안

치안이 좋은 나라지만 심야에 혼자 걷는 것은 삼가는 편이 좋다. 공항, 레스토랑, 카페 등에서 물건을 슬쩍 바꿔치기하는 경우도 있으니 주의하자.
자연 명소로 이동할 때는 사전에 숙소를 확보하고 먹을 것을 준비해야 한다. 마을에 호텔이 하나뿐인 지역은 특히 여름철에 방이 꽉 차서 숙소를 구하지 못할 가능성이 있다. 또한, 캠핑장에서는 휴대전화가 터지지 않는 곳도 있다.
최근 교외에서 여행자의 교통사고가 빈번히 발생하고 있다. 사고가 났을 때는 침착하게 대응하자. 경찰서, 소방서 등의 긴급 전화는 모두 '112'로 통합되어 있다. 경찰은 "Police, please", 구급차는 "Ambulance, please"라고 말하면 교환원이 연결해준다.

자연재해 발생 시

화산의 나라 아이슬란드에서 만에 하나 자연재해가 발생한다면 우선 침착하게 정보를 수집한다. 지정된 접근 금지 구역을 확인하고 반드시 아이슬란드 정부 지시에 따라야 한다.

ⓒ Almannavarnir(재해대책본부)
http://www.almannavarnir.is
ⓒ Ferðamálastofa(아이슬란드 투어리스트 보드)
http://www.ferdamalastofa.is
ⓒ Veðurstofa Íslands(아이슬란드 기상청)
http://www.vedur.is
※ 분화에 따른 유독가스 경보 등이 게재된다.

기후

기온과 날씨
연중 내내 얼음으로 뒤덮인 나라를 상상하는 사람들이 많지만, 멕시코 만류(난류)의 영향으로 레이캬비크의 여름(7~8월) 평균 최고 기온은 약 15℃, 겨울(12~1월) 평균 최저 기온은 약 -3℃로 생각보다 따뜻한 편이다. 다만, 구름이 자주 끼고 바람이 강하기 때문에 체감 온도는 훨씬 낮다. 여름에도 긴팔 셔츠와 두툼한 점퍼를 가져가는 것이 좋다. 또한, 하루 사이에 사계절을 체험할 수 있을 정도로 날씨의 변덕이 심하므로 방수가 되는 옷도 챙겨 가자.

일출과 일몰
해가 가장 긴 시기(하지는 6월 21일 전후)에는 자정이 넘어야 해가 저물고 새벽 3시 무렵에 동이 트기 때문에 한밤중까지 백야를 즐길 수 있다. 여름철 공공기관의 근무 시간은 변함없지만 많은 가게의 영업시간이 연장되고 일요일도 영업하는 곳이 많아서 쇼핑하기에 편리하다. 한편, 해가 가장 짧은 시기(동지는 12월 21일 전후)에는 11시 반쯤 해가 뜨고 15시 반쯤 날이 저문다. 겨울에는 하루 종일 날씨가 어둑한 대신 오로라를 관측할 수 있다.

한밤중까지 해가 지지 않고 금세 해가 뜨는 백야.

흡연과 매너

2007년 이후 공공시설 및 음식점에서의 흡연이 금지되었다. 아파트와 호텔 등 실내 흡연이 금지된 곳이 많으며, 금연 구역에서 담배를 피우다가 적발되면 벌금을 내야 한다. 흡연실이 마련된 호텔이 있으니 흡연자는 숙소 예약 시 미리 확인하도록 한다. 아이슬란드에서 담배는 18세 이상부터 허용되기 때문에 구입 시 신분증 제시를 요구하는 곳도 있다. 슈퍼마켓의 계산대나 일부 술집 등에서 살 수 있으며 담뱃값은 한 갑에 우리 돈으로 약 1만 원이다.

여행 시 유용한 물건

아이슬란드 전도 투어리스트 인포메이션 센터의 무료 지도보다는 세부 도로까지 실려 있는 유료 지도를 추천한다. 에이문드손(53p)에서 구입 가능.

우비 갑자기 비가 내릴 수 있으니 우비를 준비하면 좋다. 바람이 강할 때는 비가 옆으로 들이쳐서 우산이 무용지물이며 오히려 위험할 때도 있다. 튼튼한 우비나 방수 점퍼를 준비하자.

선글라스 & 선크림(여름) 아이슬란드의 여름 햇빛은 무척 강렬하다. 특히 차를 운전할 때 선글라스는 필수 아이템. 선크림을 바르는 것도 잊지 말자.

방한용품(여름, 겨울) 여름에도 기온이 15℃ 정도밖에 올라가지 않으므로 두툼한 점퍼를 가져가는 것이 좋다. 겨울에는 울 양말 등의 방한용 옷가지를 필수로 챙겨야 한다. 물론 현지에서도 구입할 수 있다.

휴대전화 공중전화가 거의 없기 때문에 긴급 상황이 발생하면 곧바로 도움을 청할 수 있도록 해외에서 사용 가능한 휴대전화를 준비하자.

레이캬비크 그레이프바인지 카페, 슈퍼마켓 등 시내 곳곳에서 볼 수 있는 영어판 무가지. 아이슬란드의 시사 문제 등 재미있는 읽을거리가 많으며 각종 이벤트의 최신 정보가 실려 있다.

쏠쏠한 정보가 담긴 그레이프바인지.

수영복 & 수건 온천 및 지열 수영장에서 수영복을 반드시 착용해야 하므로 잊지 말고 챙길 것. 유료로 대여해주는 곳도 있다.

알아두면 편리한 아이슬란드어

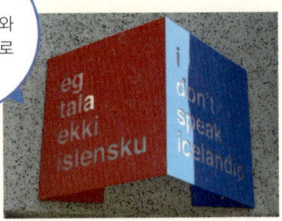

이 마크가 그려진 티셔츠와 머그컵도 선물로 인기 만점!

아이슬란드어는 동사의 인칭변화, 명사의 성별(남성, 여성, 중성), 격(格) 변화의 다양성 등으로 전 세계 언어 가운데서도 어렵기로 유명하다. 아이슬란드 전역에서 영어가 잘 통하지만, 아이슬란드어로 한마디 건네면 현지인과 한결 가까워질 수 있다.

'예그 탈라 에키 이슬렌스쿠'는 '나는 아이슬란드어를 못해요'라는 뜻이다.

회화 한마디

고단 다이인
Góðan daginn (아침·점심 인사)

고트 퀼트
Gott kvöld (저녁 인사)

고다 노트
Góða nótt (밤의 취침·작별 인사)

타크
Takk (고마워요)

블레스
Bless (작별 인사)

야우/네이
Já/Nei (네/아니요)

아프티 라이
Allt í lagí (괜찮아요)

샤우움스트
Sjáumst! (또 만나요)

피리르게브두
Fyrirgefðu (미안해요)

크바드 헤이티르 수?
Hvað heitir þú? (이름이 뭐예요?)

예그 헤이티 OO
Ég heiti OO (제 이름은 OO이에요)

묘 고트
Mjög gott (아주 좋아요/맛있어요) ※ Mjög는 very의 의미.

스카울!
Skál! (건배!)

에인 메드 옷투루
Ein með öllu (토핑은 전부 올려주세요)

겟 예그 펜기드 레이크닌긴?
Get ég fengið reikninginn? (계산해주세요)

크바르 에르 클로세티드?
Hvar er klósettið? (화장실이 어디예요?)

아이슬란드인은 성(姓)이 없다!?

아이슬란드인의 이름 끝에 붙은 sson(손)은 OO의 아들, dóttir(도티르)는 OO의 딸이라는 뜻이다. OO에는 기본적으로 아버지의 이름(퍼스트 네임)이 들어간다. 즉, 아버지의 이름이 욘(Jón)이라면 아들의 성은 Jónsson(욘손, 욘의 아들), 딸의 성은 Jónsdóttir(욘스도티르, 욘의 딸)가 된다. 성별이 같은 형제자매가 아니라면 가족 모두의 성이 달라질 수 있다.

지명에 등장하는 말

네스
Nes (반도)

뺠
Fjall (산)

에이/에이야
Ey/Eyja (섬)

달루르
Dalur (계곡)

비크
Vík (만)

요쿨
Jökull (빙하)

프요르두르
Fjörður (피오르)

포스
Foss (폭포)

아우
Á (강)

론
Lón (라군)

바튼
Vatn (호수)

노르두르료스
Norðurljós (오로라)

카페 & 레스토랑에서 쓰는 말

카피/테
Kaffi/Té (커피/홍차)

바튼/사비
Vatn/Safi (물/주스)

뵤르/빈
Bjór/Vín (맥주/와인)

카카
Kaka (케이크)

브뢰이드
Brauð (빵)

수파
Súpa (수프)

필사
Pylsa (핫도그)

피스쿠르/쿄튼
Fiskur/Kjöt (생선/고기)

피스쿠르 다그신스
Fiskur Dagsins (피시 오브 더 데이)

락스
Lax (연어)

소르스쿠르
Þorskur (대구)

스켈피스쿠르
Skelfiskur (조개)

후마르
Humar (징거미새우)

큐클린구르
Kjúklingur (닭고기)

스비나쿄트
Svínakjöt (돼지고기)

뇌이타쿄트
Nautakjöt (소고기)

람바쿄트
Lambakjöt (양고기)

마트세딜
Matseðill (메뉴)

간판에서 자주 볼 수 있는 말

오피드/로카드
Opið/Lokað (Open/Closed)

인간구르/우트간구르
Inngangur/Útgangur (입구/출구)

클로세트
Klósett (화장실)

멘, 헤라르/코누르, 도무르
Menn, Herrar/Konur, Dömur (남성/여성)

반나두르
Bannaður (금지됨)

바루드
Varúð (주의)

순드뢰이그
Sundlaug (수영장)

리스타사픈
Listasafn (미술관)

달드스바이디
Tjaldsvæði (캠핑장)

숫자   ※ m은 남성형, f는 여성형, n은 중성형

1 **에입/에인/에이트**
einn(m)/ein(f)/eitt(n)

2 **트베이르/트바이르/트보**
tveir(m)/tvær(f)/tvö(n)

3 **스리르/스랴우르/스류**
Þrír(m)/Þrjár(f)/Þrjú(n)

4 **프요리르/프요라르/프요구르**
fjórir(m)/fjórar(f)/fjögur(n)

5 **핌**
fimm

6 **섹스**
sex

7 **쇼**
sjö

8 **아우타**
átta

9 **니우**
níu

10 **티우**
tíu

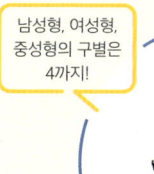

남성형, 여성형, 중성형의 구별은 4까지!

아이슬란드 캘린더

	1월	2월	3월	4월	5월
일출	10:55	9:23	7:47	5:56	4:13
일몰	16:20	18:01	19:28	21:01	22:37
최고기온 / 최저기온	4℃ / 0℃	4℃ / -1℃	4℃ / 0℃	8℃ / 2℃	11℃ / 6℃

※ 위 정보는 레이캬비크의 2014년 수치로서 매월 평균 최고·최저 기온 및 매월 15일의 일출·일몰 시각을 표시한 것이다(weather underground 참조). 일출·일몰 시각은 한 달에 1시간 전후로 변동되니 대략적으로 참고하자.

1월 레스토랑에서 스비드, 하우칼, 블러드 소시지 등 전통 요리 소라마투르를 먹는다. 이 무렵에 트요르닌 호수가 얼어붙으니 호수 위를 걸어보자.

고래 투어 (4월➡10월)
고래 종류에 따라 겨울에 떠나는 투어도 있다.

들새 관찰 투어 (5월➡6월)
퍼핀을 비롯한 70~80종의 들새를 만날 수 있다!

오로라를 관측하기에 좋은 시기 (9월➡4월)
어두운 시간이 길수록 관측하기 쉽다. 방한 준비는 철저히!

레이캬비크의 추천 이벤트

2월 **베트라르하티드**(통칭 윈터 라이츠 페스티벌) 미술관, 수영장 등에서 개최되는 문화 이벤트. http://www.vetrarhatid.is
소나르 레이캬비크 하르파에서 열리는 음악 페스티벌(201p).

3월 **횬누나르마르스**(통칭 디자인 마치) 아이슬란드의 최신 디자인을 한눈에 볼 수 있는 도시형 전시회. http://designmarch.is
푸드 & 펀 국내외 유명 셰프가 시내의 레스토랑과 협업하여 아이슬란드산 재료만으로 요리 경연을 펼치는 미식 이벤트. http://www.foodandfun.is
레이캬비크 포크 페스티벌 포크 뮤지션들이 한자리에 모이는 축제. http://folkfestival.is
레이캬비크 블루스 페스티벌 세계적인 블루스의 전설들이 경연하는 이벤트. http://blues.is

4월 **레이캬비크 쇼트 & 독스** 비오 파라디스에서 개최하는 국내외 단편 & 다큐멘터리 영화제. http://shortsdocsfest.com

5월 **리스타하티드 이 레이캬비크**(통칭 레이캬비크 아트 페스티벌)
세계 최고 아티스트들의 전시, 콘서트, 댄스, 오페라 등을 선보이는 축제. http://www.listahatid.is

6월 **미드나이트 런** 백야에 열리는 마라톤 경기. http://marathon.is/midnaeturhlaup
컬러 런 아이슬란드 컬러 파우더를 온몸에 뿌리고 5km를 완주하는 마라톤. http://thecolorrun.is
시크릿 솔스티스 뢰이가달루르에서 열리는 음악 페스티벌(201p).

7월 **인니푸킨** 시내 중심가에서 개최되는 음악 페스티벌. http://innipukinn.is

8월 **레이캬비크 재즈 페스티벌** 하르파에서 열리는 재즈 페스티벌. http://reykjavikjazz.is
레이캬비크 게이 프라이드 성 소수자에 대한 이해와 인식을 넓히는 이벤트. http://www.reykjavikpride.com
멘닌가르노트(통칭 컬처 나이트) 레이캬비크 시에서 주최하는 문화 행사. http://www.menningarnott.is
레이캬비크 마라톤 아이슬란드 최대급 마라톤 대회. http://marathon.is/reykjavikurmaraton

9월 **RIFF** 레이캬비크 국제 영화제. 수영장에서 영화를 상영하기도 한다. http://riff.is

10월 **이매진 피스 타워 점등식**(35p).

11월 **아이슬란드 에어웨이브**(196p).

※ 이벤트 개최 달은 매년 변경될 수 있다.

| 2:58 | 3:41 | 5:18 | 6:50 | 8:18 | 9:56 | 11:16 |
| — | 23:24 | 21:44 | 19:54 | 18:08 | 16:28 | 15:29 |

| 14℃ / 9℃ | 14℃ / 10℃ | 14℃ / 9℃ | 11℃ / 7℃ | 7℃ / 1℃ | 7℃ / 3℃ | 2℃ / -4℃ |

| **6**월 | **7**월 | **8**월 | **9**월 | **10**월 | **11**월 | **12**월 |

6월 24시간 밝은 백야 시즌. 하지에는 서부 피오르 등지에서 저물지 않는 태양을 볼 수 있다.

9월 싱벨리르 국립 공원의 단풍 시즌.

12월 12월 23일은 전통 요리 스카타(59p)를 먹는 날. 12월 31일은 아이슬란드 각지에서 한밤에 불꽃을 쏘아 올린다.

연어 낚시 (6월➡10월)

무단 낚시는 금지되어 있으므로 반드시 낚시 전문 투어 회사에 신청할 것.

캠핑 시즌(6월➡8월)

교외는 물론 레이캬비크 시내에도 캠핑장이 있다.

오로라를 관측하기에 좋은 시기 (9월➡4월)

기타 지역의 추천 이벤트

4월	[이사프요르두르/서부 피오르]	**알드레이 포르 예그 수두르**(200p)
6월	[하프나르프요르두르/레이캬비크 근교]	**바이킹 페스티벌** 마켓과 바이킹 체험이 열리는 이벤트. http://fjorukrain.is
7월	[케플라비크/공항 근처]	**ATP** 전 NATO 군사기지에서 개최되는 음악 페스티벌(201p).
	[네스쾨입스타두르/동부]	**에이스트나플루그** 록 & 헤비메탈 음악 페스티벌. http://eistnaflug.is
8월	[웨스트만 제도]	**쇼드하티드** 1874년부터 이어져 온 '국민 축제'라는 뜻의 음악 페스티벌. http://dalurinn.is

아이슬란드의 공휴일

1월 1일 새해 첫날 (Nýársdagur/니아우르스다구르)

3월 24일* 성목요일 (Skírdagur/스키르다구르)

3월 25일* 성금요일 (Föstudagurinn langi/표스투다구린 란기)

3월 28일* 부활제 월요일 (Annar í páskum/안나르 이 파우스쿰)

4월 21일* 여름 첫날 ← 4월 18일 이후 첫 번째 목요일 (Sumardagurinn fyrsti / 수마르다구린 피르스티)

5월 1일 노동절 (Frídagur verkalýðsins/프리다구르 베르칼리드신스)

5월 5일* 예수승천제 (Uppstigningardagur/우프스티그닌가르다구르)

5월 16일* 성령강림절 월요일 (Annar í Hvítasunnu/안나르 이 크비타순누)

6월 17일 독립기념일 (Þjóðhátíðardagur/쇼드하우티다르다구르)

8월 1일* 상인의 날 (Frídagur verslunarmanna/프리다구르 베르슬루나르만나)

12월 24일 크리스마스이브 (Aðfangadagur/아드판가다구르)

12월 25일 크리스마스 (Jóladagur/욜라다구르)

12월 26일 박싱데이 (Annar í jólum/안나르 이 욜룸)

12월 31일 새해 전날 (Gamlársdagur/감라우르스다구르)

*표시는 2016년 날짜(매년 변동)

아이슬란드의 연중행사

◎ **스레타운딘**(Þrettándinn) 크리스마스부터 12일째인 1월 6일. 열세 번째 산타클로스가 산으로 돌아가는 날이라 하여 이날 크리스마스 장식을 치운다.

◎ **소리**(Þorri) 음력 1월 중순~2월 중순에 전통 요리 소라마투르(Þorramatur)를 먹는다. 아침까지 떠들썩한 휴일을 소라블로트(Þorrablót)라고 부른다.

◎ **남편의 날**(본다다구르/Bóndadagur) & **아내의 날**(코누다구르/Konudagur) 아이슬란드판 밸런타인데이 & 화이트데이. 소리의 첫째 날이 남편의 날, 마지막 날이 아내의 날(1/22*, 2/21*)이다. 선물을 주고받거나 맛있는 음식을 만들어 먹는다.

◎ **슈크림데이**(볼루다구르/Bolludagur) 19세기 중반에 덴마크에서 전해진 부활절 전 관습. 아이들은 아침에 일어나면 "볼라!" 하고 부모에게 슈크림을 달라고 조르며 다 같이 먹는다(2/8*).

◎ **재의 수요일**(요스쿠다구르/Öskudagur) 부활절 46일째 날. 학교는 휴교하고 변장한 아이들이 거리의 가게를 돌아다니며 노래를 부르고 과자를 받는다(2/10*).

Epilogue

아이슬란드와 처음으로 인연을 맺게 된 장학금 심사 면접 때, "장차 아이슬란드와 어떤 관계를 이어가고 싶나요?"라는 면접관의 질문에 "두 나라를 잇는 가교가 되고 싶습니다!" 하고 구체적인 계획도 없이 열정적으로 대답한 지도 어느새 12년이 흘렀다.

이 책의 출판으로 그 꿈에 한발 다가간 듯하여 감회가 새롭다. 아이슬란드의 수많은 매력적인 장소 중에서 일부만 간추리는 일은 힘든 작업이었지만, 그만큼 강력하게 추천하는 곳을 엄선했노라고 자부한다. 또한 여성의 사회 진출이 활발한 나라, 에너지 선진국이라는 사실 등 여러분에게 소개하고 싶은 아이슬란드의 면면도 간략하게 담았다. 아이슬란드라는 나라를 여러 각도에서 바라볼 수 있는 계기가 되기를 바란다.

이렇게 아이슬란드를 소개할 기회를 준 출판사, 멋진 책으로 완성해준 디자이너, 아낌없이 격려해준 남편, 부모님, 친구들에게 고맙다는 인사를 전한다. 사실 책을 집필하기로 한 직후 첫째 딸을 임신하여 생각대로 원고가 진척되지 않았고, 한동안 사진 촬영에도 나가지 못했다. 그렇게 마음고생을 시켰는데도 편집자는 항상 나의 건강을 걱정하면서 무사히 출산할 수 있도록 기도해주었다. 출산 직전까지 메일을 주고받으며 아낌없이 격려해주어 정말 감사하다.

마지막으로 언젠가 레이캬비크에서 이 책과 함께 여행하는 분을 만날 수 있기를 소망한다.

레이캬비크에서
다이마루 도모코

Special Thanks To ﹥﹥﹥﹥﹥﹥
Vinir mínir á Íslandi / Keina Higashide / Birna Jónasdóttir
Helgi Þór Sigur sson / Sara Izumi

레이캬비크

자연스폿

온천스폿

대자연과 컬러풀한 거리,
아이슬란드

펴낸날 초판 1쇄 2016년 2월 17일 ㅣ 초판 2쇄 2017년 5월 25일

지은이 다이마루 도모코
옮긴이 김나랑

펴낸이 임호준
편집장 김소중
책임 편집 윤혜민 ㅣ **편집 1팀** 안진숙 장여진
디자인 왕윤경 김효숙 정윤경 ㅣ **마케팅** 정영주 권소회 김혜민
경영지원 나은혜 박석호 ㅣ **IT 운영팀** 표형원 이용직 김준홍 권지선

인쇄 (주)웰컴피앤피

펴낸곳 비타북스 ㅣ **발행처** (주)헬스조선 ㅣ **출판등록** 제2-4324호 2006년 1월 12일
주소 서울특별시 중구 세종대로 21길 30 ㅣ **전화** (02) 724-7633 ㅣ **팩스** (02) 722-9339
홈페이지 www.vita-books.co.kr ㅣ **블로그** blog.naver.com/vita_books ㅣ **페이스북** www.facebook.com/vitabooks

ISBN 979-11-5846-063-1 13980

• 이 도서의 국립중앙도서관 출판예정도서목록(CIP)은 서지정보유통지원시스템 홈페이지(http://seoji.nl.go.kr)와
  국가자료공동목록시스템(http://www.nl.go.kr/kolisnet)에서 이용하실 수 있습니다. (CIP제어번호: CIP2016002431)

• 비타북스는 독자 여러분의 책에 대한 아이디어와 원고 투고를 기다리고 있습니다.
  책 출간을 원하시는 분은 이메일 vbook@chosun.com으로 간단한 개요와 취지, 연락처 등을 보내주세요.

  비타북스는 건강한 몸과 아름다운 삶을 생각하는 (주)헬스조선의 출판 브랜드입니다.